AF630679

Band 22 · Juli 1986

7

isotopenpraxis

AKADEMIE-VERLAG · BERLIN

ISSN 0021-1915 Isotopenpraxis, Berlin 22 (1986) 7, 225—256

An unsere Autoren

Die Zeitschrift veröffentlicht Beiträge zu folgenden Themen: Kontrolle und Analyse radioaktiver und stabiler Isotope, Anwendung radioaktiver und stabiler Isotope in allen Gebieten der Forschung und Technik, der Industrie, Landwirtschaft und Medizin, Herstellung radioaktiver und stabiler Isotopen sowie von markierten Verbindungen, kernelektronische Geräte für die Isotopenanwendung (Dickenmesser, Dichtemesser u. ä.) Detektoren für isotopentechnische Arbeiten und den Strahlenschutz in Isotopenlaboratorien, Meßtechnik und Strahlenschutz, Dosimetrie in Isotopenlaboratorien, kerntechnische Geräte für die Isotopenanwendung (Beton, Bestrahlungsanlagen u. ä.), Strahlenchemie, Radiochemie, ökonomische und perspektivische Fragen, Fragen der Weiterbildung.

1. Aufnahme von Manuskripten

Zur Veröffentlichung angenommen werden nur druckreife, noch nicht anderweitig publizierte Beiträge in deutscher, englischer oder russischer Sprache zum Themenbereich der Zeitschrift und zwar

Originalarbeiten
Kurze Mitteilungen
Aus der Praxis
Zusammenfassende Berichte
Tagungsberichte
Informationen.

Sind der Beitrag oder Teile daraus bereits veröffentlicht oder ist eine anderweitige Veröffentlichung vorgesehen, so muß dies der Redaktion mit genauer Angabe der Zweitveröffentlichung mitgeteilt werden. Mit der Annahme des Manuskriptes behält sich der Verlag das Recht der Vervielfältigung, Verbreitung und Übersetzung innerhalb der gesetzlichen Schutzfrist vor. Auszugsweiser Nachdruck oder photomechanische u. a. Wiedergabe sind an eine schriftliche Genehmigung des Verlages gebunden. Manuskripte, Zeichnungen und Photos von veröffentlichten Arbeiten werden nur auf den besonderen und bis zum Zeitpunkt der Veröffentlichung mitgeteilten Wunsch des Autors zurückgesandt.
Bei der unverlangten Einreichung von Manuskripten wird empfohlen, eine Befürwortung eines der Herausgeber oder Redaktionsausschußmitglieder beizufügen.
Manuskripte sind einzureichen bei der Redaktion, 1086 Berlin Leipziger Str. 3—4

2. Form der Manuskripte

Die Autoren werden gebeten:
2 Manuskripte, eines davon in Original-Maschinenschrift, einseitig und mit 2zeiligem Abstand einzureichen; gut leserliche Photokopien sind zulässig; auf dem 1. Blatt (unter Weglassung der Bezeichnung)
den Titel der Arbeit
Vorname-Initialen und Namen sämtlicher Autoren
gegebenenfalls die Institution, in der sie tätig sind
eine kurze Zusammenfassung der Arbeit von höchstens 15 Zeilen
Keywords in alphabetischer Reihenfolge und
als Fußnote die Anschrift der Institution anzugeben;
wenn möglich, Zusammenfassung, Titel und Autoren *englisch* (bei deutschem oder russischen Manuskript) bzw. *deutsch* (bei englischem Manuskript) 2fach beizufügen;
Literaturhinweise (fortlaufend numeriert), Fußnoten, Tabellen, Abbildungen (in 2—3facher Veröffentlichungsgröße), Abbildungsunterschriften (getrennt von den Abbildungen und Zeichenerklärungen, Quellenangaben, falls erforderlich, und gegebenenfalls mit einem Vermerk für besondere Wünsche bezüglich der Abbildungsgröße), private und Dienstanschrift der Verfasser mit akademischen Titeln und ausgeschriebenen Vornamen auf besonderen Blättern ans Ende des Manuskriptes zu stellen;
Wünsche für den Kolumnentitel (Seitenüberschrift) bekanntzugeben;
Absätze durch Einzüge von mindestens 3 Anschlägen kenntlich zu machen;
die Maßeinheiten des SI-Systems („Systeme International") zu verwenden;
Korrekturen im Manuskript unmittelbar an der zu korrigierenden Stelle anzubringen;
Formeln deutlich lesbar und möglichst groß einzutragen;
Farbabbildungen und nachträgliche Änderungen oder Ergänzungen in Abbildungen zu vermeiden;
hervorzuhebende Textstellen zu unterstreichen, und zwar halbfetten Satz mit einer geraden schwarzen Linie, kursiven Satz (Schrägschrift) mit einer blauen Wellenlinie (alle Eigennamen). Sperrungen gestrichelt;
besondere Buchstaben durch farbige Unterstreichung zu kennzeichnen, und zwar Formelzeichen in

Griechisch-Kursiv (α, β, ...) rot,
Kursiv (*A*, *B*, ...) blau
halbfetter Kursiv (**A**, **B**, ...) 2 Linien blau (Vektoren),
halbfetter Grotesk (**A**, **B**, ...) 2 Linien violett (Tensoren);

bei Literaturangaben auf Vollständigkeit zu achten. In nachstehender Reihenfolge müssen angegeben sein:

a) bei *Zeitschriften*: Vorname-Initialen und Namen sämtlicher Autoren, Titel der Zeitschrift (nach „Periodica Chimica" oder möglichst wenig gekürzt), Bandnummer (unterstrichen), Jahreszahl (in Klammern), Heftnummer (nur bei Zeitschriften, die jedes Heft mit S. 1 beginnen) sowie die Seitenzahl, auf der die zitierte Arbeit beginnt.

b) bei *Büchern*: Initialen der Vornamen und Name des Autors (Herausgeber werden durch den Zusatz „ed." gekennzeichnet), voll ausgeschriebener Titel des Buches in der Originalsprache, evtl. Bandnummer, voll ausgeschriebener Name des Verlages, Nummer der Auflage (außer der ersten), Erscheinungsort(e), Erscheinungsjahr (hier nicht in Klammern setzen!) und evtl. Kapitelnummer, Seitenzahl u. ä.

c) bei *Sammelbänden, Tagungsberichten*: Es soll zusätzlich der Titel des zitierten Beitrags angegeben werden. Die Seitenzahl muß unbedingt angegeben werden. Aus dem Zitat muß hervorgehen, ob es sich um einen Tagungssammelband oder um einen noch nicht veröffentlichten Vortrag handelt. Zwischen Tagungsort und Erscheinungsjahr des entsprechenden Tagungsberichts ist zu unterscheiden.

3. Korrekturen

Der Autor erhält zwei Umbruchabzüge, von denen einer möglichst schnell korrigiert an die Redaktion zurückgereicht werden soll. Auf Wunsch des Autors kann die Korrektur auch von der Redaktion gelesen werden.

Durch nachträgliche Manuskriptänderungen verursachte Korrekturkosten gehen, sofern sie 10% der Satzkosten übersteigen, zu Lasten des Autors.

Der Autor erhält 50 Sonderdrucke kostenlos. Weitere Sonderdrucke können bis zur Rückgabe der Korrekturabzüge auf Kosten des Autors bei der Redaktion bestellt werden.

Bezugsmöglichkeiten

Bestellungen sind zu richten
— in der DDR an den Postzeitungsvertrieb unter Angabe der Kundennummer des Bestellenden oder an den AKADEMIE-VERLAG BERLIN, DDR-1086 Berlin, Leipziger Straße 3—4, PF-Nr. 1233;
— im sozialistischen Ausland an eine Buchhandlung für fremdsprachige Literatur oder an den zuständigen Postzeitungsvertrieb;
— in der BRD und Berlin (West) an eine Buchhandlung oder an die Auslieferungsstelle KUNST UND WISSEN, Erich Bieber OHG, Wilhelmstraße 4—6, D-7000 Stuttgart 1;
— in den übrigen westeuropäischen Ländern an eine Buchhandlung oder an die Auslieferungsstelle KUNST UND WISSEN, Erich Bieber GmbH, General Wille-Str. 4, CH-8002 Zürich;
— im übrigen Ausland an den Internationalen Buch- und Zeitschriftenhandel; den Buchexport Volkseigener Außenhandelsbetrieb der Deutschen Demokratischen Republik, DDR-7010 Leipzig, Postfach 160; oder an den AKADEMIE-VERLAG BERLIN, DDR-1086 Berlin, Leipziger Straße 3—4.

Zeitschrift „Isotopenpraxis"

Herausgeber: Zentralinstitut für Isotopen- und Strahlenforschung der Akademie der Wissenschaften der DDR.
Verlag: Akademie-Verlag Berlin, DDR-1086 Berlin, Leipziger Straße 3—4, PF-Nr. 1233; Fernruf: 2236221 oder 2236229; Telex-Nr.: 114420;
Bank: Staatsbank der DDR, Berlin, Kto.-Nr.: 6836-26-20712.
Chefredakteur: Prof. Dr. H. Hübner, Leipzig.
Anschrift der Redaktion der Zeitschrift Isotopenpraxis: Prof. Dr. Hübner, DDR-7010 Leipzig, Karl-Marx-Platz, Hauptpostamt, PSF 370; Fernruf: 281018.
Veröffentlicht unter der Lizenznummer 1527 des Presseamtes beim Vorsitzenden des Ministerrates der Deutschen Demokratischen Republik.
Gesamtherstellung: VEB Druckerei „Thomas Müntzer", DDR-5820 Bad Langensalza.
Erscheinungsweise: Die Zeitschrift „Isotopenpraxis" erscheint monatlich. Die 12 Hefte eines Jahrganges bilden einen Band. Bezugspreis je Band 240,— DM zuzüglich Versandspesen; Preis je Heft 20,— DM. Der gültige Jahresbezugspreis für die DDR ist der Postzeitungsliste zu entnehmen.
Bestellnummer dieses Heftes: 1079/22/7.

AN (EDV) 12831
00900

Isotopenpraxis 22 (1986) 7, S. 225 bis 232

Originalarbeiten

Eine Einrichtung zur Bestimmung geringer ^{235}U-Mengen in großvolumigen Meßobjekten

K. Irmer[1]), *H.-U. Siebert*[2]), *B. Theilig*[2])

Es wird eine Meßeinrichtung beschrieben, die die Bestimmung kleiner Mengen an ^{235}U in großvolumigen Meßobjekten gestattet. Zur ^{235}U-Bestimmung werden zwei Verfahren eingesetzt:

- *die Messung von Spaltneutronen, die im Ergebnis der Spaltung von ^{235}U bei Bestrahlung des Meßobjektes mit Neutronen einer ^{124}Sb/Be-Photoneutronenquelle entstehen, und*
- *die Messung der im Ergebnis des ^{235}U-Zerfalls emittierten γ-Strahlung mit gleichzeitiger Korrektion der γ-Strahlungsabsorption in der Matrix des Meßobjektes mit Hilfe einer γ-Durchstrahlungsmessung.*

In Abhängigkeit von der Matrix des Meßobjektes erlaubt die Meßeinrichtung die Bestimmung einer minimal nachweisbaren ^{235}U-Menge von 0,1÷5 g in einem 200-l-Faß bei einer Meßzeit von ~ 30 min.

A measuring device which allows the determination of small quantities of ^{235}U in large measuring samples is described. For ^{235}U-determination two methods are used:

- *the measurement of fission neutrons resulting from the fission of ^{235}U by irradiation of the measuring sample with neutrons of a ^{124}Sb/Be photoneutron source and*
- *the measurement of γ-rays resulting from the ^{235}U decay with simultaneous correction of γ-ray absorption within the matrix material of the measuring sample using the results of a γ-ray transmission measurement.*

Depending on the matrix material of the measuring sample the determination of a minimal detectionable amount of 0·1÷5 g of ^{235}U contained within a 200-l-barrel is achievable after a measuring time of ~ 30 min using the described measuring device.

Keywords

fissionable materials; fission neutrons; gamma spectroscopy; measuring instruments; photoneutrons; trace amounts; uranium 235

1. Einleitung

Im Rahmen der Kernmaterialkontrolle werden Meßverfahren benötigt, die den quantitativen Nachweis von spaltbarem Material in Meßobjekten unterschiedlicher Größe, Spaltstoffkonzentration und Matrixzusammensetzung sowie mit unterschiedlichem Aktivitätsniveau erlauben [1]. Dem Nachweis von geringen Mengen an spaltbarem Material in großvolumigen Meßobjekten kommt bei der Kontrolle von Abfällen aus Anlagen, in denen mit Kernmaterial in offener Form umgegangen wird, besondere Bedeutung zu. Die Untersuchung und Bereitstellung von Meßverfahren zur Bestimmung des Kernmaterialrestgehaltes in großvolumigen Meßobjekten sind Bestandteil meßtechnischer Maßnahmen des Staatlichen Systems der Nachweisführung und Kontrolle von Kernmaterial in der DDR [2, 3]. Die Bestimmung des Kernmaterialrestgehaltes in großvolumigen Meßobjekten erfolgt auf Grund der Schwierigkeit einer repräsentativen Probenentnahme sowie der Probleme, die durch eine gegebenenfalls vorhandene hohe Spaltproduktkonzentration entstehen, überwiegend mit Hilfe von zerstörungsfreien Meßverfahren. Von den bekannten zerstörungsfreien Meßverfahren zur quantitativen Bestimmung spaltbaren Materials [4] werden passive Bestimmungsmethoden,

- die die γ-Eigenstrahlung zur Uranium-/Plutoniumkonzentrationsbestimmung in spaltproduktfreien großvolumigen Meßobjekten geringer Dichte [5],
- die die α-Zerfallswärme zur Plutoniumkonzentrationsbestimmung in spaltproduktfreien kleinvolumigen Meßobjekten [6] und
- die die Zählung der Spontanspaltneutronen zur Plutoniumkonzentrationsbestimmung in kleinvolumigen ggf. auch spaltprodukthaltigen Meßobjekten nutzen [7],

sowie aktive Bestimmungsmethoden,

- die die Messung der prompten neutroneninduzierten Spaltneutronenintensität zur Uranium-/Plutoniumkonzentrationsbestimmung in kleinvolumigen spaltprodukthaltigen Meßobjekten [8] und
- die die Messung der verzögerten neutroneninduzierten Spaltneutronenintensität zur Uranium-/Plutoniumbestimmung in großvolumigen spaltprodukthaltigen Meßobjekten nutzen [9], eingesetzt.

Im Rahmen der vorliegenden Arbeit wird eine Meßanordnung beschrieben, die auf der Grundlage eines aktiven Neutronenmeßverfahrens und eines passiven γ-spektrometrischen Meßverfahrens ^{235}U-Massebestimmungen in großvolumigen Meßobjekten mit einem Volumen bis zu 200 l (Abfallfässer) sowie mit einer unbekannten Matrixzusammensetzung zuläßt. Das aktive Neutronenmeßverfahren basiert auf der neutroneninduzierten Kernspaltung von ^{235}U durch Bestrahlung des Meßobjektes mit Neutronen aus einer ^{124}Sb/Be-Photoneutronenquelle und der Registrie-

Anschriften: [1]) Technische Universität Dresden, Sektion Physik, DDR-8027 Dresden, Mommsenstr. 13; [2]) Staatliches Amt für Atomsicherheit und Strahlenschutz der DDR, DDR-1157 Berlin, Waldowallee 117

rung der Spaltneutronen mit einem durch Verwendung geeigneter Moderator- und Absorberschichten energieselektiven Neutronendetektor.

Das passive γ-spektrometrische Meßverfahren nutzt die Intensität der im Ergebnis des ^{235}U-Zerfalls emittierten γ-Strahlung mit Korrektion der Strahlungsabsorption im Meßobjekt durch eine gleichzeitige Messung der Durchstrahlungsintensität einer äußeren ^{169}Yb-Quelle zur ^{235}U-Gehaltsbestimmung.

2. Aufbau der Meßeinrichtung

In Abb. 1 ist das Schema der Meßeinrichtung dargestellt. Es besteht aus den Hauptkomponenten

- γ-spektrometrischer Meßplatz, bestehend aus Strahlungsdetektor, Kollimator und „abschaltbarer" Durchstrahlungsquelle,
- aktiver Neutronenmeßplatz, bestehend aus energieselektivem Neutronendetektor und „abschaltbarer" Neutronenbestrahlungsquelle,
- Halterung zur Aufnahme von 200-l-Abfallfässern mit vertikaler und Rotationsbewegung des Meßbobjektes

sowie einer rechnergestützten Steuerung der Meßeinrichtung und Auswertung der Meßergebnisse.

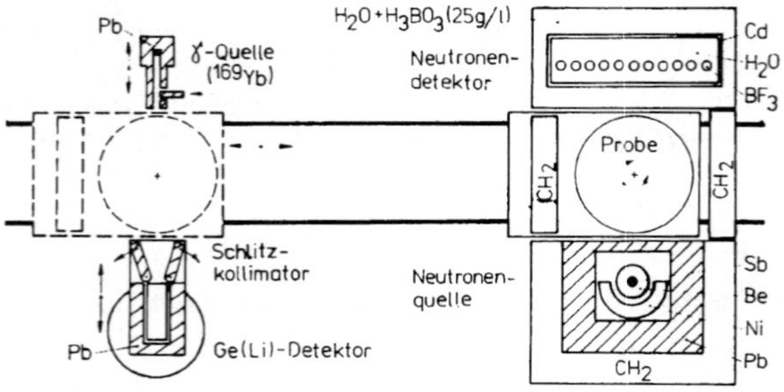

Abb. 1. Schematischer Grundriß der Gesamtanlage zur ^{235}U-Restgehaltsbestimmung in großvolumigen Meßobjekten (200-l-Abfallfässer). Links die Anordnung zur Messung der Gamma-Eigenstrahlung, rechts der aktive Neutronenmeßplatz

2.1. *Strahlungsquellen*

Zur Bestrahlung des Meßobjektes mit Neutronen wird eine $^{124}Sb/Be$-Photoneutronenquelle genutzt, wobei die Neutronenquelle durch Bewegung eines Sb-Stabes in der Durchgangsbohrung eines Be-Zylinders „abschaltbar" ausgelegt ist. Die Maximalenergie der Quellneutronen beträgt etwa 25 keV, ihre mittlere Energie ist in Abhängigkeit von der Dicke des Be-Zylinders < 10 keV. Damit liegt die Energie der Quellneutronen deutlich unter der Spaltschwelle von ^{238}U, womit in uraniumhaltigen Meßobjekten der selektive Nachweis von ^{235}U erreicht wird. Bei einer Aktivität des ^{124}Sb von 7,4 TBq und einer Be-Masse von 0,95 kg beträgt die Neutronenausbeute $\sim 10^9\ s^{-1}$. Ein Ni-Reflektor erhöht den Quellneutronenfluß in Richtung zum Meßobjekt um den Faktor 1,3.

Zur Bestimmung des Schwächungskoeffizienten für die im Ergebnis des ^{235}U-Zerfalls emittierte γ-Strahlung mit einer Energie von 186 keV durch das Matrixmaterial des Meßobjektes wird die γ-Strahlung einer ^{169}Yb-Durchstrahlungsquelle mit Energien von 177 keV und 198 keV genutzt. Die ^{169}Yb-Durchstrahlungsquelle ist durch Verschieben einer Bleiabschirmung in den Strahlengang „abschaltbar". Die Aktivität der eingesetzten ^{169}Yb-Quelle, die durch (n, γ)-Reaktion im thermischen Neutronenfeld eines Reaktors aus stabilem ^{168}Yb erzeugt wird, beträgt $\lesssim$ 50 GBq.

2.2. *Strahlungsdetektoren*

Zur Registrierung der durch die neutroneninduzierte Spaltung des ^{235}U gebildeten Spaltneutronen auf dem um Größenordnungen intensiveren Untergrund der Neutronen der $^{124}Sb/Be$-Photoneutronenquelle ist ein Neutronendetektor einzusetzen, der eine Diskriminierung der epithermischen Quellenneutronen ($\lesssim$ 25 keV) von den schnellen Spaltneutronen ($\bar{E} \sim 2$ MeV) erlaubt, eine hohe Nachweiseffektivität zur Zählung der Spaltneutronen besitzt und weitestgehend unempfindlich gegenüber intensiven γ-Strahlungsfeldern ist. Die Zählung der Spaltneutronen erfolgt mit einem flächenhaften Detektor, bestehend aus elf BF_3-Proportionalzählrohren (Durchmesser 27 mm, effektive Länge 350 mm) nach Moderierung auf thermische Energien. Dabei wird die Energieselektivität des Flächendetektors durch die Verwendung von Moderatorschichten und Neutronenabsorbern auf Grund der unterschiedlichen mittleren freien Weglängen beim Durchgang von Neutronen unterschiedlicher Energie durch wasserstoffhaltige Medien ausgenutzt [10]. Als Moderator wird Wasser, als Neutronenabsorber werden Bor bzw. Cadmium verwendet. Die Abschirmung des Neutronendetektors gegenüber aus der Umgebung rückgestreuter Neutronen erfolgt durch Borsäurelösung bzw. Paraffin und eine Cadmiumummantelung. Damit beträgt die Untergrundzählrate des Neutronendetektors 2 min^{-1}, und die mittlere Nachweiseffektivität liegt bei 0,7% für Neutronen mit einer Energie von $\sim$ 2 MeV.

Die γ-Strahlung der in den Meßobjekten enthaltenen Menge an ^{235}U sowie die der ^{169}Yb-Durchstrahlungsquelle werden mit einem horizontalen (GeLi-Koaxialdetektor) mit einem effektiven Detektorvolumen von 40 cm^3 nachgewiesen. Seine Energieauflösung beträgt 2,0 keV für die 1332-keV-γ-Linie des ^{60}Co-Zerfalls. Die Photopeakeffektivität des Detektors wurde zu 10% für $E_\gamma = 1332$ keV relativ zu einem 3″ × 3″-NaI(Tl)-Kristall in einem Detektor-Quelle-Abstand von 25 cm bestimmt. Der Detektor befindet sich zur Reduzierung des γ-Strahlungsuntergrundes aus der Umgebung in einer Bleiabschirmung von 15 cm Dicke. Zur Ausblendung von definierten Segmenten aus dem Meßobjekt wird ein Schlitzkollimator mit einer konstanten Höhe von 5 cm und einem veränderlichen Öffnungswinkel verwendet.

2.3. *Mechanischer Aufbau*

Zur Aufnahme und Bewegung des Meßobjektes, das in der Regel ein 200-l-Faß darstellt, dient ein Drehtisch, der in der Höhe verstellbar ist. Der Drehtisch kann sowohl für den passiven γ-spektrometrischen Meßplatz als auch für den aktiven Neutronenmeßplatz als Meßobjektaufnahme genutzt werden. Dazu ist das Gestell des Drehtisches zwischen den Meßplätzen auf Schienen verschiebbar. Die Meßobjekte können mittels Elektrozug auf den Drehtisch gesetzt werden. Zum Ausgleich der Ortsabhängigkeit der Antwortfunktion der Meßanordnung sowie zur segmentweisen Abtastung des Meßobjektes ist es möglich, das Meßobjekt während der Messung zu drehen und axial zu bewegen. Die technischen Daten der Meßobjekthalterung sind:

maximale Probenmasse:	500 kg
maximale Probenabmessungen:	600 mm Durchmesser 900 mm Höhe

Hubhöhe: 1000 mm (mit einer Geschwindigkeit von 15 bzw. 30 cm · min^{-1})
Rotation: stufenlos bis maximal 4 min^{-1}.

Die ^{124}Sb/Be-Photoneutronenquelle ist mit einer fernbedienbaren Umladeeinrichtung für den halbjährlichen Wechsel der ^{124}Sb-Quelle ausgestattet. Dazu gehören ein elektromagnetischer Abwurf der ^{124}Sb-Quelle aus der „abgeschalteten" Stellung der ^{124}Sb/Be-Photoneutronenquelle in einen Transportcontainer und die Aufnahme einer neuen ^{124}Sb-Quelle. Der Umladeprozeß wie auch die Meßoperation können mit einer Fernsehanlage überwacht werden. Zur Anpassung der geometrischen Bedingungen des passiven γ-spektrometrischen Meßplatzes an verschiedene Durchmesser der Meßobjekte sind sowohl der γ-Strahlungsdetektor mit Bleiabschirmung und Schlitzkollimator als auch die ^{169}Yb-Durchstrahlungsquelle in ihrem Abstand zum Meßobjekt auf Schienen verschiebbar angeordnet.

2.4. *Steuerung des Meßprozesses*

Die Steuerung sowohl des passiven γ-Meßplatzes als auch des aktiven Neutronenmeßplatzes sowie die Auswertung der Meßergebnisse erfordern einen hohen Grad der Automatisierung. Abb. 2 zeigt das Blockschaltbild der elektronischen Ausrüstungen für die rechnergestützte Meßprozeßsteuerung und Meßwertauswertung. Ein CAMAC-System mit einem intelligenten Crate Controller steuert das „Ein- und Ausschalten" der externen Strahlenquellen, die Axial- und Rotationsbewegung des Meßobjektes, das Meßregime der Strahlungsdetektoren und nimmt eine Vorverdichtung der Meßdaten vor. Mit Hilfe eines Kleinrechners erfolgt die Speicherung der Meßdaten, deren Auswertung, Interpolation mit Bibliothekswerten sowie die Dokumentation der Meßbedingungen und des berechneten ^{235}U-Gehaltes des Meßobjektes.

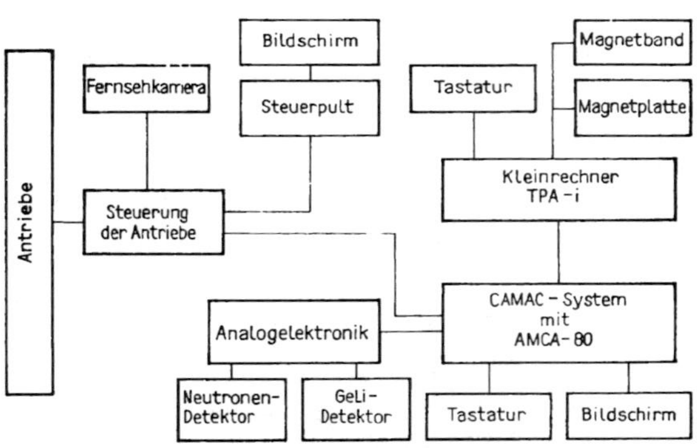

Abb. 2. Blockschaltbild der Ausrüstungen für die rechnergestützte Meßprozeßsteuerung und Meßwertauswertung

3. Aktive Neutronenmethode mit ^{124}Sb/Be-Photoneutronenquelle

3.1. *Optimierung der Meßanordnung*

Zur Optimierung der energetischen Trennung von Quell- und Spaltneutronen sind die Schichtdicken D und d der Neutronenmoderatoren/-absorber des Neutronendetektors veränderbar (Abb. 3). Kriterien für die Optimierung des energieselektiven Neutronendetektors sind

– das maximale Trennvermögen von Spalt- und Quellneutronen N_f/N_q und
– der minimale relative statistische Fehler der Spaltneutronenzählrate

$$\frac{\Delta N_f}{N_f} = \frac{\sqrt{N_f + 2N_q}}{N_f},$$

wobei sich die Spaltneutronenzählrate N_f aus der Differenz von Gesamtzählrate N_g und Untergrundzählrate ergibt. Dabei wird die Untergrundzählrate bis auf einen vernachlässigbaren, aus der Umgebung einstrahlenden Anteil von der Quellneutronenzählrate N_q bestimmt. In Abb. 3 ist die gemessene Abhängigkeit der Größen N_f, N_q, N_f/N_q und $\Delta N_f/N_f$ von der Schichtdicke D der Borsäurelösung dargestellt. Bei einer Schichtdicke des destillierten Wassers vor den Zählrohren von $d = 25$ mm ergibt sich für die Borsäurelösung eine optimale Schichtdicke von $D = 210$ mm. Günstigere Verhältnisse N_f/N_q und $\Delta N_f/N_f$ lassen sich erreichen, wenn das Meßobjekt mit einem die Quellneutronen moderierenden und reflektierenden Material umschlossen wird. Dadurch ergibt sich:

– eine Erhöhung des Quellneutronenflusses und eine Verbesserung seiner Homogenität innerhalb des Meßobjektes durch zusätzlich in Richtung des Meßobjektes gestreute Quellneutronen,
– eine Moderierung der Quellneutronen zu geringeren mittleren Energien und damit eine Erhöhung der Spaltneutronenzählrate auf Grund der Energieabhängigkeit des ^{235}U-Spaltquerschnitts,
– eine Verringerung der Untergrundzählrate auf Grund der bei sinkender Quellneutronenenergie abnehmenden Nachweiseffektivität des Neutronendetektors sowie
– ein Ausgleich der durch den Drehtisch bedingten Asymmetrie des Neutronenflusses.

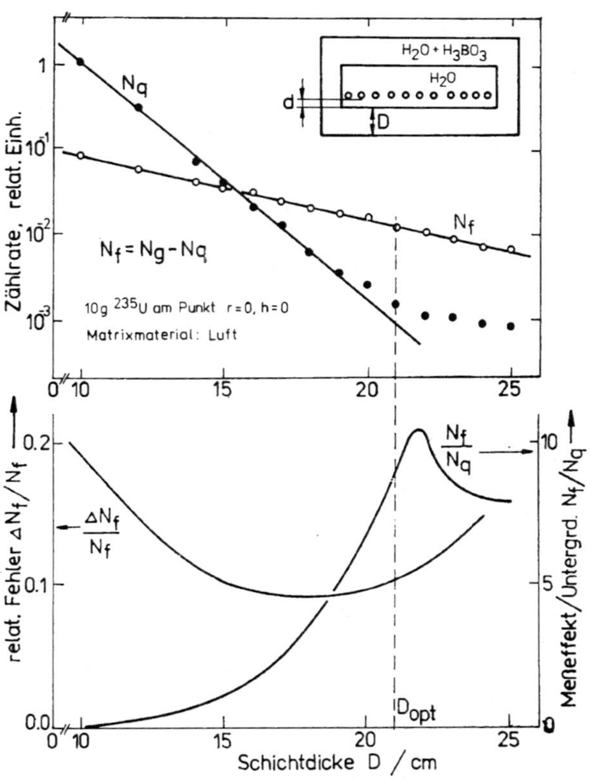

Abb. 3. Optimierung der Moderator- bzw. Absorberschichtdicken des Neutronendetektors

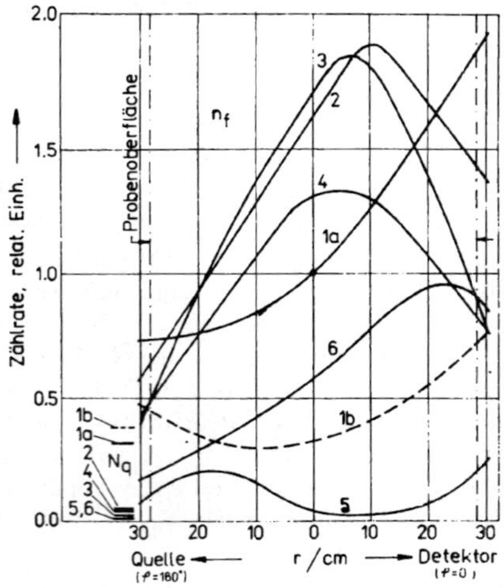

Abb. 4. Ortsabhängigkeit der Spaltneutronenzählrate $n_f(r)$ von 10 g ^{235}U entlang der Linie Quelle-Detektor für verschiedene Matrixmaterialien (1a – Luftmatrix mit Polyethylenummantelung, 1b – Luftmatrix ohne Polyethylenummantelung, 2 – 0,13 g · cm^{-3} Zellulose, 3 – 0,25 g · cm^{-3} Zellulose, 4 – 0,12 g × cm^{-3} Polyethylen, 5 – 0,75 g · cm^{-3} Urethan, 6 – 1,80 g × cm^{-3} Sand)

In Abb. 4 ist der Einfluß einer 160 mm dicken Polyethylenumhüllung eines 200-l-Fasses mit „Luftmatrix" auf die Spaltneutronenzählrate dargestellt, wobei die Kurve 1a mit Polyethylenumhüllung des Meßobjektes und die Kurve 1b ohne Polyethylenumhüllung erhalten wurden.

3.2. *Spaltneutronenzählrate*

Die vom Neutronendetektor registrierte Spaltneutronenzählrate N_f beträgt

$$N_f = \int_V n_f(\mathbf{r}) \cdot \mathrm{d}V ,$$

wobei V das Volumen des Meßobjektes, $n_f(\mathbf{r}) \cdot \mathrm{d}V$ der Beitrag eines Volumenelements $\mathrm{d}V$ um $\mathbf{r}$ zur Spaltneutronenzählrate N_f ist. Dieser Beitrag wird bestimmt durch:

$$n_f(\mathbf{r}) \cdot \mathrm{d}V = k \cdot \varrho_f(\mathbf{r}) \cdot F(\mathbf{r}) \cdot \bar{\nu} \cdot \varepsilon_f(\mathbf{r}) \cdot \mathrm{d}V$$
$$\equiv k \cdot \varrho_f(\mathbf{r}) \cdot \varepsilon(\mathbf{r}) \cdot \mathrm{d}V$$

mit:

$\varrho_f(\mathbf{r})$ – Massendichte des Spaltstoffes (^{235}U)
$F(\mathbf{r})$ – Spaltrate
$\bar{\nu}$ – mittlere Spaltneutronenmultiplizität
$\varepsilon_f(\mathbf{r})$ – Effektivität des Spaltneutronennachweises
$\varepsilon(\mathbf{r})$ – Antwortfunktion der Meßeinrichtung
k – Proportionalitätsfaktor.

Wird für eine Bezugsposition $\mathbf{r}_0$ der Wert der Antwortfunktion $\varepsilon(\mathbf{r}_0) = 1$ festgelegt, dann gilt für den Fall homogener Spaltstoffverteilung ($\varrho(\mathbf{r})$ = konst.):

$$\varepsilon(\mathbf{r}) = n_f(\mathbf{r})/n_f(\mathbf{r}_0) .$$

Als Bezugsposition wird der Punkt $\mathbf{r}_0 = (r = 0,\ h = 0)$ definiert. Abb. 5 zeigt das verwendete Koordinatensystem, das auch den Abbildungen 4, 6 und 7 zugrunde liegt.

Die über das Volumen gemittelte Antwortfunktion $\bar{\varepsilon}$, die als Korrektionsfaktor für den Einfluß von Geometrie und Matrixmaterial benötigt wird, ergibt sich zu

$$\bar{\varepsilon} = \overline{\varepsilon(\mathbf{r})} = \frac{1}{V} \int_V \varepsilon(\mathbf{r}) \cdot \mathrm{d}V .$$

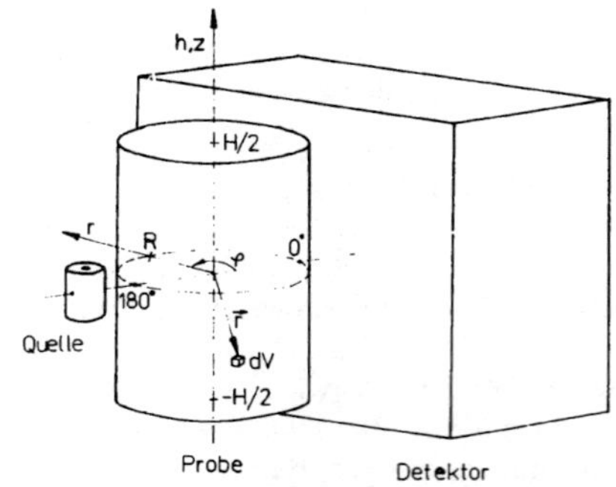

Abb. 5. Koordinatensystem der Neutronenmeßanordnung mit

h – Lage eines Volumenelements $\mathrm{d}V$ bezüglich der Mittelebene ($h = 0$) des Meßobjektes
z – Lage der Mittelebene der Probe bezüglich der Mittelebene ($z = 0$) durch Quelle und Detektor
R, H – Radius und Höhe der Probe
$(\mathbf{r})$ – (r, φ, h) – Ortsvektor

Abb. 4 zeigt die Ortsabhängigkeit der Spaltneutronenzählrate für Orte auf der Verbindungslinie Quelle–Detektor für verschiedene Matrixmaterialien eines 200-l-Fasses.

3.3. *Bestimmung der ^{235}U-Masse*

Die gesuchte Masse m_u des ^{235}U in dem Meßobjekt ergibt sich zu

$$m_u = \frac{N_f}{n_{f_0} \cdot \bar{\varepsilon}} ,$$

wobei $n_{f_0} = n_f(\mathbf{r}_0)$ die Spaltneutronenzählrate je Masseneinheit des ^{235}U an der Bezugsposition $\mathbf{r}_0$ und je Quellstärkeeinheit der ^{124}Sb/Be-Quelle ist.

Zur Bestimmung von N_f wird die Gesamtzählrate N_g gemessen, N_q, n_{f_0} und $\bar{\varepsilon}$ ergeben sich aus Eichmessungen für Standardmaterialien.

Der relative Fehler von m_u ist

$$\frac{\Delta m_u}{m_u} = \begin{matrix} +(\bar{\varepsilon}/\varepsilon_{\min} - 1) \\ -(1 - \bar{\varepsilon}/\varepsilon_{\max}) \end{matrix} \pm \text{statistischer Fehler} .$$

Dabei geben die Klammerausdrücke die Maximalfehler an, die resultieren, wenn das Meßobjekt ein einziges punktförmiges Spaltstoffstück enthält, das zufällig an den Stellen maximaler bzw. minimaler Nachweiseffektivität lokalisiert ist. Für ein rotierendes Meßobjekt gilt

$$\varepsilon_{\max} = \varepsilon(r, h)_{\max}$$
$$\varepsilon_{\min} = \varepsilon(r, h)_{\min} .$$

Die Tab. 1 enthält die Ergebnisse von Kalibrierungsmessungen an 200-l-Fässern mit den in Abb. 4 aufgeführten Matrixzusammensetzungen.

3.4. *Meßregime und Interpretation der Meßwerte*

Für die Meßobjekte ist, wenn nicht durch Inaugenscheinnahme oder durch Angaben über die Herkunft des Meßobjektes eingrenzbar, die Art des Matrixmaterials nicht bekannt. Um die Meßergebnisse richtig interpretieren zu können, ist es deshalb erforderlich, das Matrixmaterial des Meßobjektes hinsichtlich seiner Wirkung auf die Ausbreitung von Quell- und Spaltneutronen innerhalb der Palette gemessener Standardmatrizen einzuordnen. Eine Aussage über den Einfluß des Matrixmaterials auf die Neutronenausbreitung ist aus der Kenntnis der Ortsabhängigkeit der Antwortfunktion $\varepsilon(\mathbf{r})$ ableitbar. An einem realen Meßobjekt kann $\varepsilon(\mathbf{r})$ aber nur für Oberflächenpunkte bestimmt

Tab. 1. Gemessener Parametersatz von mit einem definierten Matrixmaterial gefüllten 200-l-Fässern (Be-Masse 0,95 kg)

Nr.	Matrixmaterial	Summenformel	Dichte [g · cm^{-3}]	N_q [min^{-1} TBq^{-1}]	n_{f_0} [min^{-1} TBq^{-1} g^{-1}]	$\bar{\varepsilon}$	$\frac{\bar{\varepsilon}}{\varepsilon_{min}} - 1$	$1 - \frac{\bar{\varepsilon}}{\varepsilon_{max}}$
1	Luft	—	—	81,1	22,7	0,83	0,34	0,18
2	Zellulose	$C_6H_{10}O_5$	0,13	12,2	41,6	0,64	0,37	0,36
3	Zellulose	$C_6H_{10}O_5$	0,25	5,0	42,2	0,54	1,57	0,46
4	Polyethylen	CH_2	0,12	11,6	38,9	0,58	1,38	0,42
5	Urethan	$C_6H_5O_2$	0,75	3,5	0,96	1,36	2,32	0,63
6	Sand	SiO_2	1,80	6,2	14,7	0,69	0,77	0,31

werden. Die Bestimmung des ^{235}U-Gehaltes in Meßobjekten (200-l-Fässer) mit unbekannter Matrixzusammensetzung erfolgt nach folgenden Schritten:

1. Messung der Gesamtzählrate N_g.
2. Messung der Gesamtzählraten $N_g'(\boldsymbol{r})$, die sich ergeben, wenn eine zusätzliche ^{235}U-Menge (z.B. 10 g) an Oberflächenpunkten $\boldsymbol{r}$ angeordnet wird.
3. Vergleich der Spaltneutronenzählrate

$$n_f'(\boldsymbol{r}) = N_g'(\boldsymbol{r}) - N_g\,,$$

hervorgerufen durch die zusätzliche Spaltstoffmenge, mit der Zählrate $n_f(\boldsymbol{r})$, die die gleiche Spaltstoffmenge an den gleichen Oberflächenpunkten $\boldsymbol{r}$ einer Standardmatrix erzeugt. In Abb. 6 ist die Spaltneutronenzählrate $n_f(\boldsymbol{r})$ an ausgewählten Oberflächenpunkten der Standardmatrizen dargestellt. Für $\boldsymbol{r} = (r, \varphi, h)$ gilt hier $r = R$, $h = 0$ und $\varphi = 0° \dots 180°$ in Schritten von 30°.

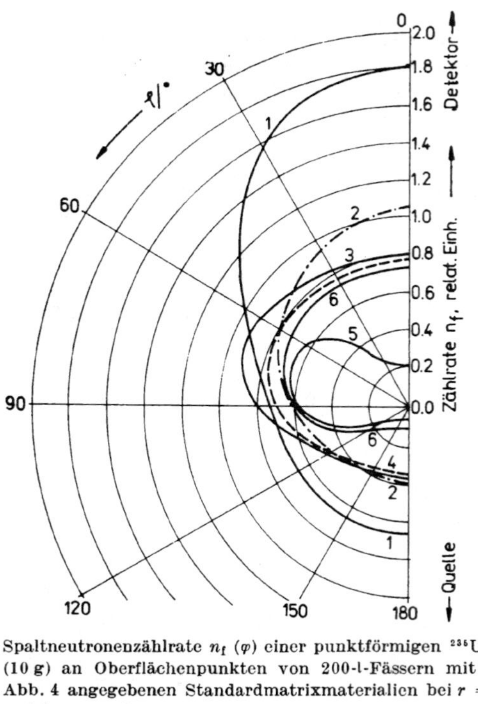

Abb. 6. Spaltneutronenzählrate n_f (φ) einer punktförmigen ^{235}U-Menge (10 g) an Oberflächenpunkten von 200-l-Fässern mit den in Abb. 4 angegebenen Standardmatrixmaterialien bei r = 30 cm und $h = z = 0$

Zum Vergleich der Matrizen werden nicht nur Absolutwerte von Zählraten herangezogen, sondern auch Beziehungen zwischen Zählraten an verschiedenen Orten, z.B.

$$n_f(0°)\,,\quad n_f(60°)\,,\quad \frac{n_f(0°)}{n_f(180°)}\,,\quad \int_\varphi n_f(\varphi) \cdot \mathrm{d}\varphi\,.$$

Aus der Einordnung des Matrixmaterials ergeben sich:

- die Quellneutronenzählrate N_q,
- die Spaltneutronenzählrate n_{f_0} am Bezugspunkt,
- die volumengemittelte Antwortfunktion $\bar{\varepsilon}$ und
- die Fehlergrenzen über ε_{min} und ε_{max}.

Zur Gewährleistung einer rechnergestützten Auswertung werden die Ergebnisse der Messungen an Standardmatrizen am Kleinrechner gespeichert.

4. Läßt sich die Matrix des Meßobjektes keiner gemessenen Standardmatrix zuordnen, dann werden die für die Auswertung benötigten Parameter durch Interpolation zwischen den Werten für die Standardmatrizen ermittelt. Bei starken Abweichungen von den Standardmatrizen gibt die Verwendung eines Monte-Carlo-Neutronentransportprogramms die Möglichkeit, durch Eingabe beliebiger Materialzusammensetzungen die Ortsabhängigkeit der Spaltneutronenzählrate an Oberflächenpunkten des Meßobjektes zu simulieren.

Das Programm [11] simuliert auf der Basis von Pseudozufallszahlen und ENDF/B-IV-Kerndaten [12] die Lebensgeschichten einzelner Neutronen innerhalb der realen dreidimensionalen Meßobjektgeometrie und Matrixzusammensetzung und addiert die Beiträge der einzelnen Neutronen zur Gesamtzählrate. Bei ausreichender Übereinstimmung mit den Meßwerten an dem zu untersuchenden Meßobjekt können dann die Parameter N_q, n_{f_0}, $\bar{\varepsilon}$, ε_{min} und ε_{max} rechnerisch ermittelt und zur Meßauswertung am Kleinrechner gespeichert. werden.

4. Passives γ-spektrometrisches Meßverfahren

4.1. *Optimierung der Meßanordnung*

Die im Ergebnis des Zerfalls der im Meßobjekt enthaltenen Menge an ^{235}U emittierte γ-Strahlung mit ihrer intensivsten γ-Linie bei 186 keV unterliegt der Absorption durch das Matrixmaterial, durch die Wandung z.B. eines 200-l-Fasses und bei höheren Uraniumkonzentrationen durch das Uranium selbst. Die Absorptionskorrektion wird mit Hilfe einer Transmissionsmessung der γ-Strahlung einer externen ^{169}Yb-Quelle (E_γ = 177 keV und 198 keV) durchgeführt.

Durch die Kollimation des Halbleiterdetektors ist es möglich, einzelne Volumenbereiche des großvolumigen Meßobjektes auszublenden und sie unabhängig von anderen Volumenbereichen zu messen. Diese Aufgabe erfüllt ein in Abb. 7 dargestellter Schlitzkollimator. In Verbindung mit einer axialen Rotation des Meßobjektes erlaubt der Schlitzkollimator eine Glättung der radialen Spektrometerantwortfunktion und führt somit zu einer wesentlichen Reduzierung des Einflusses von ^{235}U- und Matrixinhomogenitäten, wodurch die Annahme von homogenen Verteilungen in einem ausgeblendeten Segment realistisch wird und die Auswertung der Meßergebnisse eine Verein-

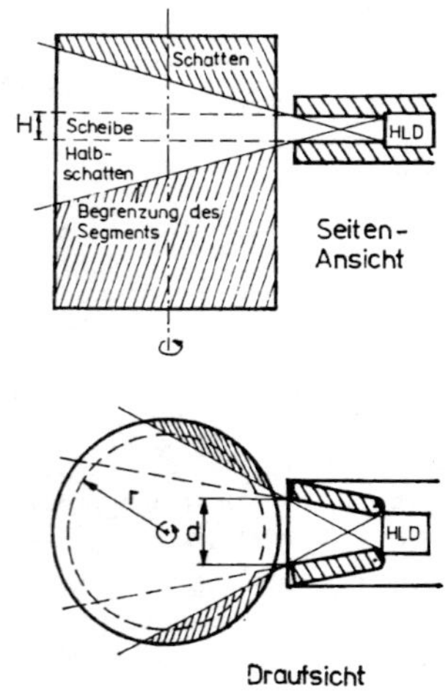

Abb. 7. Variabler Schlitzkollimator des γ-Halbleiterdetektors

fachung findet. Der Kollimator mit fester Schlitzhöhe H ist mit schwenkbaren seitlichen Bleiteilen versehen, wodurch der Öffnungswinkel bzw. die Breite d des Schlitzkollimators verändert werden kann. Je nach Öffnungswinkel bzw. Breite d des Schlitzkollimators befinden sich Randbereiche des Meßobjektes bei Rotation mehr oder weniger lange Zeit im Schatten bzw. Halbschatten des Detektors. Dadurch wird erreicht, daß die gleiche punktförmige ^{235}U-Menge bei einem Rotationsumlauf annähernd die gleiche Detektorzählrate liefert, auch wenn sie sich in unterschiedlichen radialen Abständen zur Meßobjektachse befindet. Abb. 8 zeigt die Zählrate je Umlauf für unterschiedliche Abstände r einer punktförmigen ^{235}U-Menge von der Achse eines 200-l-Fasses bei verschiedenen Kollimatoröffnungen. Für einen Absorptionskoeffizienten des Matrixmaterials von $\mu = 0{,}16\ \mathrm{cm}^{-1}$ ergibt sich eine Schlitzkollimatorbreite von $d = 175$ mm als optimal hinsichtlich der Glättung der Detektoransprechfunktion. Für unterschiedliche Absorptionskoeffizienten μ des Matrixmaterials ergeben sich durch numerische Berechnungen verschiedene

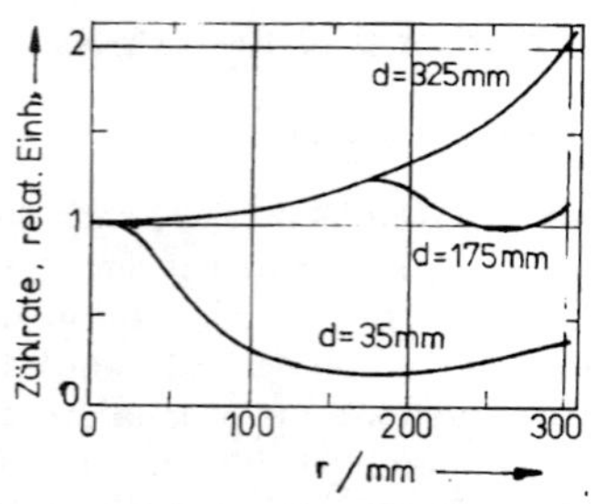

Abb. 8. Zählrate einer punktförmigen ^{235}U-Menge in verschiedenen Abständen r von der Achse eines matrixgefüllten 200-l-Fasses bei einem 4-π-Umlauf für verschiedene Breiten d des Schlitzkollimators.

Tab. 2. Optimale Öffnungsbreiten d_{opt} des Schlitzkollimators für verschiedene Absorptionskoeffizienten μ des Matrixmaterials für ein 200-l-Faß

μ [cm^{-1}]	d_{opt} [mm]	mittlere Antwortfunktion (normiert auf Faßmittelpunkt)	σ [%]
0	215	1,05	7
0,1	195	1,10	9
0,2	155	1,08	8
0,3	115	1,03	10
0,4	95	1,05	15

optimale Breiten des Schlitzkollimators (Tab. 2). Die Verwendung eines Schlitzkollimators mit variablem Öffnungswinkel, die Möglichkeit einer gesteuerten schrittweisen Rotations- und Axialbewegung des Meßobjektes erlauben die Lokalisierung von axialen und radialen Inhomogenitäten in der ^{235}U-Masseverteilung im Meßobjekt.

4.2. *Meßregime*

Der Meßablauf zur ^{235}U-Massebestimmung in großvolumigen Meßobjekten gliedert sich in folgende Schritte (Abb. 9):

1. Messung der γ-Strahlungsintensitäten I_0 (177 keV) und I_0 (198 keV) der ^{169}Yb-Durchstrahlungsquelle ohne Meßobjekt.
2. Messung der γ-Durchstrahlungsintensitäten I_1 (177 keV) und I_1 (198 keV) für den leeren Meßbojektbehälter (z.B. 200-l-Faß).
3. Gleichzeitige Messung der Intensität der im Ergebnis des ^{235}U-Zerfalls emittierten γ-Strahlung mit der Energie von 186 keV und der γ-Durchstrahlungsintensitäten I_2 (177 keV) und I_2 (198 keV) des gefüllten Meßobjektbehälters für ein durch den Schlitzkollimator ausgeblendetes Meßobjektsegment bei Rotation des Meßobjektes.
4. Lineare Interpolation der für die γ-Energien von 177 keV und 198 keV der ^{169}Yb-Durchstrahlungsquelle bestimmten Absorptionskoeffizienten auf die im Ergebnis des ^{235}U-Zerfalls emittierte γ-Strahlung mit einer Energie von 186 keV.
5. Berechnung der ^{235}U-Masse in einer Meßobjektscheibe mit der Höhe des Schlitzkollimators H.
6. Axiale Bewegung des Meßobjektes um eine Schlitzkollimatorhöhe und Wiederholung des Meßablaufes.
7. Aufsummation der ^{235}U-Massen der gemessenen Meßobjektscheiben.

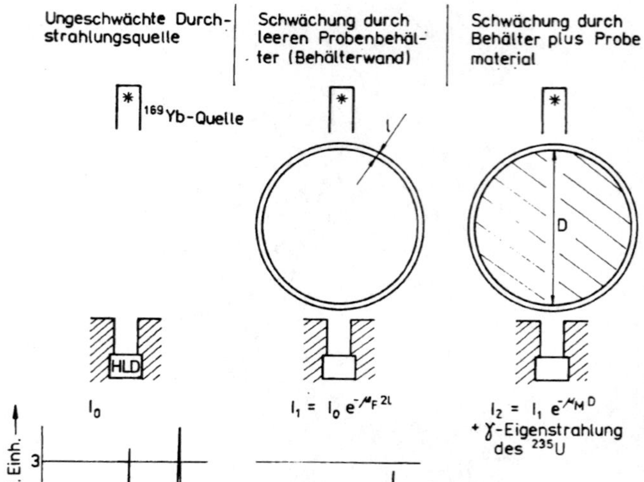

Abb. 9. Meßablauf der γ-spektrometrischen ^{235}U-Bestimmung mit Absorptionskorrektion

4.3. *Bestimmung der ^{235}U-Masse im Meßobjekt*

Für die Berechnung der ^{235}U-Masse wird eine homogene ^{235}U- und Matrixverteilung innerhalb des Meßobjektes

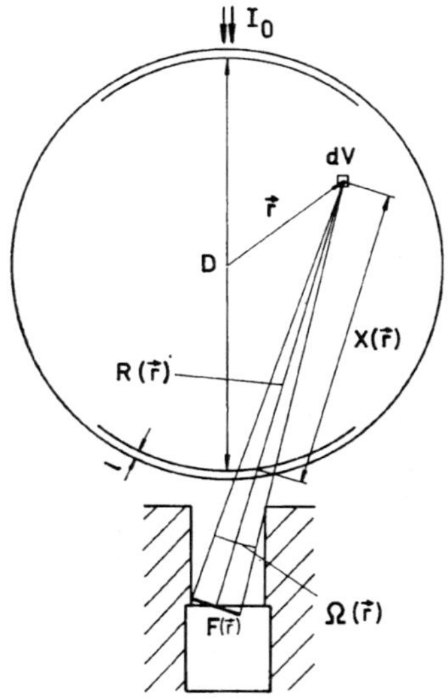

Abb. 10. Geometrische Verhältnisse bei der Messung der ^{235}U-γ-Eigenstrahlung. (D – Meßobjektdurchmesser; l – Wandstärke des Behälters; $\boldsymbol{r}$ – Ortsvektor; $R(\boldsymbol{r})$ – Abstand zwischen dV und Detektor; $X(\boldsymbol{r})$ – von dV in Richtung Detektor zu durchdringende Materialschichtdicke; $F(\boldsymbol{r})$ – Projektion der von $\boldsymbol{r}$ aus sichtbaren Detektorfläche; I_0 – Intensität der Durchstrahlungsquelle)

vorausgesetzt. Die Massendichte des ^{235}U berechnet sich aus

$$\varrho_u = \frac{m_u}{V_{seg}}$$

mit:

m_u – ^{235}U-Masse im Segment
V_{seg} – Volumen des Segments
Segment – vom Kollimator ausgeblendeter Bereich des Meßobjektes einschließlich Halbschatten.

Aus einem Volumenelement dV um $\boldsymbol{r}$ (Abb. 10) werden während der Meßzeit t $C_0(\boldsymbol{r})$ Photonen der Energie E emittiert:

$$C_0(\boldsymbol{r}) = \varrho_u \cdot j \cdot \omega_\gamma \cdot t \cdot dV$$

mit:

j – spezifische Aktivität in $s^{-1} \cdot g^{-1}_{^{235}U}$
ω_γ – Übergangswahrscheinlichkeit für E_γ.

Für die 186-keV-γ-Linie des ^{235}U-Zerfalls ergibt sich

$$j \cdot \omega_\gamma = 4{,}3 \cdot 10^4\ s^{-1}\ g^{-1}_{^{235}U}\ .$$

Von den aus dV emittierten $C_0(\boldsymbol{r})$ Photonen registriert der Detektor $C(\boldsymbol{r})$ Photonen:

$$C(\boldsymbol{r}) = C_0(\boldsymbol{r}) \cdot KF_F \cdot \varepsilon(186) \cdot KF_M(\boldsymbol{r}) \cdot \Omega(\boldsymbol{r})$$

mit:

$\varepsilon(186)$ – Photopeakeffektivität des Halbleiterdetektors für die 186-keV-γ-Strahlung von ^{235}U.

KF_F – linear aus den Schwächungsfaktoren KF_F (177 keV) und KF_F (198 keV) auf die γ-Energie von 186 keV interpolierter Korrektionsfaktor für die Schwächung der Strahlung in der Containerwand. Dabei ergibt sich

$$KF_F(E_\gamma) = \sqrt{I_1(E_\gamma)/I_0(E_\gamma)}\ .$$

Die Wurzel berücksichtigt die einmalige Durchquerung der 186-keV-γ-Strahlung durch die Containerwand gegenüber der zweimaligen Durchquerung seitens der Strahlung der ^{169}Yb-strahlungsquelle.

$KF_M(\boldsymbol{r})$ – linear aus den ortsabhängigen Schwächungsfaktoren $KF_M(\boldsymbol{r}$, 177 keV) und $KF_M(\boldsymbol{r}$,198 keV) auf die γ-Energie von 186 keV interpolierter Korrektionsfaktor für die Schwächung der Strahlung im Matrixmaterial. Dabei ergibt sich

$$KF_M(\boldsymbol{r}, E_\gamma) = (I_2(E_\gamma)/I_1(E_\gamma))^{\frac{X(\boldsymbol{r})}{D}}$$

$\Omega(\boldsymbol{r})$ – Raumwinkel, unter dem die Detektorfläche von $\boldsymbol{r}$ aus gesehen wird, wobei

$$\Omega(\boldsymbol{r}) = \frac{F(\boldsymbol{r})}{4\pi \cdot R^2(\boldsymbol{r})}$$

ist.

Für das vom Kollimator ausgeblendete Segment registriert der Detektor

$$C = \int_{V_{seg}} C(\boldsymbol{r}) \cdot dV$$

Photonen. Integration von $C_0(\boldsymbol{r})$ über das Segmentvolumen ergibt:

$$C_0 = C \cdot KF_F \cdot \frac{1}{\varepsilon(186)} \cdot \int_{V_{seg}} KF_M(\boldsymbol{r}) \cdot \frac{1}{\Omega(\boldsymbol{r})} \cdot dV$$
$$= \varrho_u \cdot j \cdot \omega_\gamma \cdot t \cdot V_{seg}\ .$$

Mit Hilfe der Meßwerte C, I_0 (177 keV), I_0 (198 keV), I_1 (177 keV), I_1 (198 keV), I_2 (177 keV), I_2 (198 keV) und ε (186 keV) ist somit die ^{235}U-Massendichte ϱ_u berechenbar.

Die ^{235}U-Masse m_u in einer Scheibe der Höhe H des Meßobjektes berechnet sich unter Verwendung von ϱ_u zu

$$m_u = H \cdot \pi \cdot (D^2/4) \cdot \varrho_u\ .$$

5. Einschätzung der Leistungsfähigkeit der Meßapparatur

Mit Hilfe des beschriebenen aktiven Neutronenverfahrens lassen sich in einem 200-l-Faß innerhalb einer Meßzeit von 30 min als untere Nachweisgrenze

- 1 g ^{235}U mit 10% Fehler (1σ) in einem Matrixmaterial mit hohem Wasserstoffanteil und einer Dichte bis maximal 0,8 g/cm³ bzw.
- 0,1 g ^{235}U mit 10% Fehler (1σ) in einem Matrixmaterial mit geringem Wasserstoffanteil und einer Dichte bis maximal 2,5 g/cm²

nachweisen. Dabei muß die Art des Matrixmaterials bekannt sein und eine Zuordnung zu gemessenen Standardmatrizen zur Bestimmung der Parameter N_q, n_f, $\bar{\varepsilon}$, ε_{min} und ε_{max} erlauben.

Im Falle unbekannter Matrixzusammensetzung erhöht sich zur Erreichung der genannten unteren Nachweisgrenzen die Gesamtmeßzeit pro Meßobjekt auf einige Stunden, um mittels zusätzlicher Messungen der Spaltneutronenzählrate für Oberflächenpunkte des Meßobjektes die Matrix des Meßobjektes entweder einer gemessenen Standardmatrix zur Bestimmung der Parameter N_q, n_{f_0}, $\bar{\varepsilon}$, ε_{min} und ε_{max} zuzuordnen, die Parameter aus der Interpolation zwischen gemessenen Standardmatrizen ermitteln zu können oder sie aus einem Parametersatz zu bestimmen, der mit Hilfe eines Monte-Carlo-Neutronentransportprogramms [11] für beliebige Matrixzusammensetzungen berechnet wurde.

Die Neutronenmeßeinrichtung erlaubt die ^{235}U-Bestimmung auch in spaltproduktkontaminierten Abfallmedien, wenn die γ-Dosisleistung am Ort der Neutronenzählrohre 15 Gy/h nicht überschreitet.

Die Messung der im Ergebnis des ^{235}U-Zerfalls emittierten γ-Strahlung ermöglicht es, bei homogen verteiltem Spaltstoff 1 – 5 g ^{235}U innerhalb einer Meßzeit $\leq$ 30 min mit einem Fehler $< 20\%$ (1σ) bei einer Matrixdichte von maximal 0,6 g · cm^{-3} zu bestimmen. Das Verfahren gestattet im Gegensatz zur Neutronenmethode die Lokalisierung axialer und radialer Spaltstoffkonzentrationen. Für Meßobjekte, die eine spaltproduktkontaminierte Matrix enthalten, ist das Verfahren nicht einsetzbar. Bei einer Matrixdichte $\sim$ 0,5 g · cm^{-3} sind beide Methoden gleich gut einsetzbar. Der Vergleich ihrer Ergebnisse erhöht die Vertrauenswürdigkeit der Aussagen über den ^{235}U-Gehalt des Meßobjektes.

Eingegangen am 31. 10. 1985

Literatur

[1] Anordnung über die Kontrolle von Kernmaterial vom 5. September 1973, GBl. I Nr. 43, S. 451

[2] К. Виллун, В. Грунер, Х.-У. Зиберт, Д.Хоффманн „Деструктивные и недестриктивные методы контрокя делящихся веществ для целей внутригосударственных гарантий в ГДР“, Nuclear Safeguards Technology (Proc. Symp. Vienna, 1978) Vol. 1, 291, IAEA Vienna (1979)

[3] *W. Röhnsch, M. Burmester, M. Helmig, H.-U. Siebert, K. Willuhn*, „Das staatliche System der Nachweisführung und Kontrolle von Kernmaterial in der DDR“, Report SAAS 330 (1985)

[4] В. В. Фролов, „Ядерно-физические методы контроля делящихся веществ, Москва (1976)

[5] *G. Birkhoff, A. Notea*, "Monitoring of plutonium contaminated solid waste streams, Charpter III, Passive gamma assay: applicability and limitations", EUR 5637e (1977)

[6] *C. T. Roche, R. B. Perry, R. N. Lewis, E. A. Jung, J. R. Haumann*, "Calorimetric systems designed for in-field non-destructive assay of Plutonium-bearing materials" Nuclear Safeguards Technology (Proc. Symp. Vienna, 1978) Vol. 2, 137, IAEA Vienna (1979)

[7] *G. Birkhoff, L. Bondar*, "Monitoring of plutonium contaminated solid waste streams, Charpter IV, Passive neutron assay", EUR 6027 (1978)

[8] *H. P. Filss*, "Non-destructive assay of fresh and irradiated fissile material in waste barrels by selective neutron transport technique" Nuclear Safeguards Technology (Proc. Symp. Vienna, 1982) Vol. 2, 252, IAEA Vienna (1983).

[9] *G. R. Keepin, H. O. Menlove, M. M. Thorpe, R. H. Augustson, C. N. Henry, D. B. Smith, T. D. Reilly*, "Application areas and results of non-destructive assay measurements", Safeguards Technique (Proc. Symp. Vienna 1970), Vol. 2, 79, IAEA Vienna (1970)

[10] *P. Filss*, "Non-destructive control of fissile material containing radioactive fission products with a Sb-Be neutron source by selective transport of fission neutrons in hydrogenous material", Jül-1046-CT (1974)

[11] *B. Theilig*, „Untersuchungen zur Bestimmung des ^{235}U-Gehaltes in großvolumigen Proben“, Dissertation A, Technische Universität Dresden (1985)

[12] ENDF/B-IV, Kerndatenbibliothek auf Magnetband, Beschreibung in: BNL-50496 (ENDF 102), 1975

Isotopenpraxis 22 (1986) 7, S. 232 bis 235

Application of the Radiotracer Method of Molten Glass Flow Process Identification for Optimization of Tank Furnaces

J. St. Michalik, K. G. Kruszewski

(Institute of Atomic Energy, Otwock-Świerk[1])

Some examples of application of the mathematical flow model proposed by Wolf and Resnick for the glass melting process optimization have been presented. The model description of the process was verified experimentally. The tracer selection criteria have been discussed. The method of radiotracer injection and the detection — recording apparatus have been described. The examples of parameters' values of the tank furnaces operation have been calculated. Tank furnaces of different design and final product were considered. Some general conclusions as well as technological recommendations formulated on the grounds of radiotracer investigations and with use of complex flow model of the molten glass have been presented.

Es werden einige Beispiele der Anwendung des mathematischen Strömungsmodells nach Wolf und Resnick zur Optimierung des Glasschmelzprozesses vorgestellt. Die Anwendung des Modells wurde experimentell verifiziert und Kriterien zur Auswahl der Tracer diskutiert. Die Methode der Injektion von Radiotracern und ihre Bestimmung werden beschrieben. Die ermittelten Parameter der Tanköfen wurden für unterschiedliche Auslegungen berechnet. Einige allgemeine Schlußfolgerungen und technologische Empfehlungen werden aus den erhaltenen Ergebnissen der Radiotraceranwendung gegeben.

Keywords

flow models; furnaces; mathematical models; radioisotopes; tracer techniques

1. Introduction

The method of identification of molten glass flow process experimentally verified in the model-scale conditions and based upon the mathematical description proposed by *Wolf* and *Resnick* [1] was used for solving some practical optimization tasks in Polish glass-industry plants with favourable results.

The investigations of glass melting units carried out in window-glass plants such as *Sandomierz, Szczakowa, Murów*, special and container glass and domestic glassware production plants: *Krosno, Wyszków, Wołomin, Pieńsk Hortensja* and other enabled to obtain necessary technological conclusions for optimization purposes.

The glass melting process is highly power-consuming and therefore it is important to determine with maximum accuracy the necessary residence time of the particles of

[1]) Address: 05-400 Otwock-Świerk, Poland

medium in a unit, possible flow disturbances and the optimal process parameters.

As it was previously stated [2], determination of actual flow conditions by means of finding the appropriate residence time distribution for the particles of liquid in a reactor is feasible only using the methods applied in chemical engineering.

In the commercial-scale investigations, a well-known impulse-response method was used by introducing a radiotracer to the tank of tank furnace and analysing the corresponding flow disturbance in the part of a unit where product-forming occurs.

The adopted concept of research experiments not only permits to obtain some information concerning the flow dynamics but also enables to determine the possibly occuring mass heterogeneities, dead spaces, inclusions and all the process disturbances (e.g. by-pass) which affect directly the product quality and yield of separate production units.

2. The radioactive tracers-selection criteria

The application of radiotracers for molten glass flow studies is justified by the fact that the mass of the tracer introduced does not exceed $10^{-9}-10^{-10}$ of the total mass of glass in a unit, thus not influencing in any way the physico-chemical properties of the molten glass. Besides, the chemical form of the tracer can be chosen in such a way that its properties would be identical with those of the batch.

Moreover, application of radiotracers for the glass melting process investigation has another important advantage: the presence and concentration of the tracer can be evaluated by means of simple detection-recording apparatus, with no need of damaging the sample. This is particularly important when ready-made products are subject to measurements and the representative sample should be taken into account.

By measurements of the emitted γ-radiation intensity in continuous or periodical way through the tank walls and thermal shields, the flow of molten glass labelled with a tracer can be remotely investigated. Natural radioactivity decay eliminates the inconvenience of removing the radioactive waste. Considering the fact that the average yield of large tank furnaces amounts to some tons per hour, this advantage is also of remarkable importance.

The tracer selection criteria described above indicate univocally that the only applicable tracers which can successfully be used for the molten glass flow dynamics investigations are the radioactive tracers.

The most frequently used radiotracer is the radioactive isotope of lanthanum, ^{140}La, in form of lanthanum oxide (due to its glass-forming properties). Its half-life period amounts to 40,2 hours. This and the relatively high gamma radiation energy (from 0·323 up to 1·6 MeV) permit, assuming the correct initial activity, to carry out reliable measurements over the time range 0 – 250 h, what is usually sufficient for analysing the melting process occuring in units having their operational capacity of several hundred up to fifteen hundred tons.

For the investigations of glass units of smaller capacity and high daily uptake, or in case when the field of interest is restricted to one parameter only (e.g. determination of by-pass) it is possible to use ^{24}Na isotope in form of sodium carbonate, but due to its remarkably shorter half-life period (15 h), the activity measurements should not exceed 100 hours.

In the electrically-heated tank furnaces not only the flow dynamics is of special interest but also the extent of the electrodes wear in time. In such cases the ^{99}Mo isotope in metallic form (activated electrode) can be used.

The tracer was impulse-injected to the tank together with the oxide batch, as one or several portions having total mass not exceeding 1 g. Such a manner of tracer injection ensures obtaining the input signal close to the δ-Dirac function, what becomes particularly important at the stage of the interpretation of the results.

3. Detection of the radiation — methodology and apparatus

The basic factor of the radiotracer investigations are the courses of the tracer concentration changes recorded as the time functions. The concentration can be measured at the outlet of the unit (takeup apertures, drawing machines, forming machines, flow-off etc.) or directly in the product samples — periodically or continuously.

In case of continuous measurements, the source of information on the changes of the tracer concentration are the changes of the counting rate (at the constant measuring time) recorded by recording system connected with the scintillating detectors placed outside of the unit.

Such a methodology can be adopted when the determination of local flow rate or detection of back-mixing currents is a matter of particular interest. The measurements are conducted directly through the side-walls or the bottom of the melting unit, in the places chosen because of technological reasons.

In case of discrete measurements, the magnitude measured is the specific activity of the glass samples taken out from different points of the tank furnace through the apertures in the side-walls (skimming-pockets), or sometimes the radiation intensity of the final products.

Both measuring methods were applied simultaneously. It was possible to determine precisely the buffer time or the product homogeneity.

Tested systems for radiation detection were applied, i.e. SSU-type scintillation detectors provided with the NaI/Tl crystals and electronic counting and recording sets made according to the CAMAC standard.

The sampling and counting times (in discrete measurements) were determined depending on the unit yield (daily uptake), sort of production and the research tasks undertaken.

4. Industrial measurements — the calculation, methodology and results

The response curves $N(t)$ to the impulse disturbance (introduction of the tracer — ^{140}La isotope) for some glass melting units have been presented in Fig. 1.

Such a response curve in its original form, or transformed to the integral form given below:

$$F(t) = \frac{\int_0^t N(t)\,dt}{\int_0^\infty N(t)\,dt} \qquad (1)$$

is a base for further computations of the residence time distribution (RTD) and then — the parameters characterizing the operation of the tank furnace.

First of all, the mean residence time, $\bar{t}$, and its variation σ^2, should be calculated usually on the grounds of numerical integration of the $N(t)$ curve and then, by transforming the $F(t)$ curve into the $E(\theta)$ function in the probability coordinates system:

$$\bar{t} = \frac{\int_0^\infty N(t) \cdot t \cdot \mathrm{d}t}{\int_0^\infty N(t) \cdot \mathrm{d}t} \quad \ldots \tag{2}$$

$$\sigma^2 = \frac{\int_0^\infty N(t)\,(\bar{t} - t)^2 \cdot \mathrm{d}t}{\int_0^\infty N(t)\,\mathrm{d}t} \quad \ldots \tag{3}$$

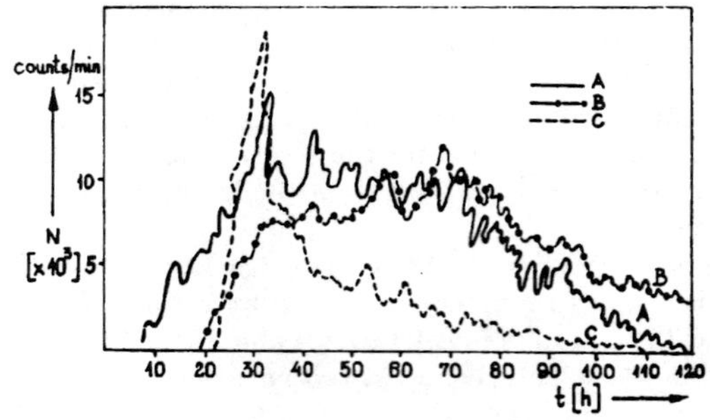

Fig. 1. Response curves obtained for the radiotracer investigations of some tank furnaces.
A — tank furnace of 43 t capacity with 10 holes;
B — tank furnace of 57 t capacity with one automatic forming machine for technical glass production;
C — tank furnace of 57 t capacity with electric reheater.

The result obtained by means of both methods show exeptional accordance at the confidence level equal to 95% of $\bar{t}$ value.

Knowing the main geometrical parameters of the tank and its technological parameters, such as the total volume of the glass mass (ϱ) and reduced distance, (the shortest distance from the tracer injection point to the uptake point) the following parameters can be calculated:

- theoretical (technological) value of the mean residence time: (t_t);
- average flow velocity (V_t);
- operating volume of the tank (V_0);
- volume of the stagnation zones (conventionally called "dead" volume) (V_m);
- tank utilization coefficient (ψ);
- real average flow velocity ($\bar{V}$).

The measurement of time interval between the tracer injection and the moment of recording the activity at the tank outlet (so called buffer time, t_b) permits to calculate the maximum velocity of the molten glass stream (V_{max}) (usually this is the surface current — by-pass) and the buffer volume (V_b).

The t and σ^2 values affect directly another two parameters: dimensionsless deviation, R^2, and Peclet number, Pe.

The computation procedure for the above parameters and the correlation occuring between them are described in more detailed way in the research reports [6] and [7].

Tab. 1. Technological parameters for some investigated tanks

Symbol of the tank furnace	t_b	t_t	$\bar{t}$	σ^2	$\bar{V}$	V_{max}	V_b	ψ	R^2	Pe
A	9·00	230,67	105·86	3124	0·069	0·811	0·039	45·89	0·279	5·98
B	17·00	144·37	131·00	5586	0·092	0·712	0·118	90·74	0·325	4·90
C	17·11	130·24	129·34	5415	0·904	0·707	0·131	99·31	0·324	4·94

Tab. 2. The statement of the mass flow dynamic parameters in tank furnaces of different design and production (complex flow model — computating programme MARMOD)

No	Characteristics of a tank furnace	t_t	$\bar{t}$	d	f	m	r	n	E	a	p	$a + p$*)
1.	6-machine tank furnace no baffle, window-glass production	120	125	0·26	0·027	0·028	0·97	1·69	21·30	0·807	0·193	1
2.	3-machine tank furnace window-glass, Fourcault production system	209	124	0·41	0·00	0·00	0·99	2·43	42·65	0·830	0·170	1
3.	6 automatic machines tank furnace, coloured bottle production	59	48·4	0·18	0·003	0·003	1·99	1·56	11·18	0·392	0·608	1
4.	Electric reheater tank furnace, technical glass production	130	129	0·007	0·080	0·090	1·34	0·80	7·00	0·864	0·136	1
5.	Tank furnace for domestic glassware production	231	106	0·23	0·00	0·00	1·11	1·43	29·41	0·845	0·155	1

*) Description of the parameters symbols and the method of calculation have been presented in the INR Report N° 115/XVI/78.

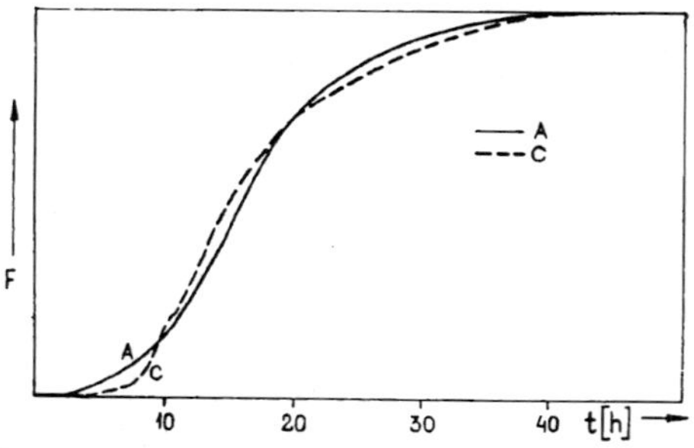

Fig. 2. Integral response curves $F(t)$ – an electrode-heated tank furnace of 3 t capacity for the lighting glass production.
——— measurement (experimental) data;
– – – measurement data calculated on the grounds of *Wolf-Resnick* model.

The examples of the technological parameters obtained for some tank furnaces from the wide variety of tanks investigated by means of radiotracer method are given in the Tab. 1.

To prove uselessness of ideal flow patterns [5] for estimation of the molten glass flow dynamics in a tank furnace, it should be stressed that the attempts of describing the $N(t)$ course by means of elementary functions do not bring any satisfactory results, just describing correctly only small fraction of the phenomena observed.

The complex flow model adopted in practice, proposed by *Wolf* and *Resnick* [2], allowed to determine the dynamic characteristics of the mass flow, and moreover, the experimentally obtained curves remain in very good accordance with those calculated by means of digital computer (Fig. 2).

The Tab. 2 presents exemplary dynamic parameters of the molten glass flow for some of the investigated tank furnaces.

5. Concluding remarks

- The investigations carried out on wide variety of tank furnaces producing glass for different purposes proved the usefulness of the adopted complex flow model and rightfulness of concept and methodology of the studies.
- The dynamic parameters of the process, such as: contribution of the perfect mixing and plug-flow, determination of insufficiently melted and clarified parts by-passing rate, mean residence time determination error, exact determination of dead volumes were calculated.

  The parameters enabled to formulate some important technological and design conclusions aimed at optimization of the production process.
- Analysis of the parameters' values obtained helped to reveal different operational irregularities of some units, such as occurence of intense surface current carrying considerable part of glass mass, insufficiently melted and unclarified. Such phenomenon causes serious faults or even damage of final products. Also other disadvantageous phenomena were observed e.g.: too short residence time of the glass in the melting part of a unit or too long time delay of the homogenization process.

  Large dead spaces volume, poor axial and transversial mixing or incorrect temperature distribution cause assymetrical flow of the medium through zones of different thermal conditions.

  This is the reason for breaking of the pressure-filled glass containers. Such faults result in serious losses not only at the stage of production but also at the user's applying the glass containers with physico-chemical defects difficult for earlier detection.
- With some help from technologists the attempts of counteracting the process disturbances were undertaken. In some cases it was recommended to install the baffles immersed in molten glass in order to break the surface currents.

  Also pneumatic mixing or change in the operational load of the product forming machines can be applied; the latter being aimed at forming the system of mass streams in a way ensuring better mixing.

  In case, when it was absolutely necessary, modifications of the unit construction were recommended.
- The flow dynamics analysis enabled also to reveal some side-effects of the production process, e.g. excessive wear of the furnace lining, changes in the tank bottom or incorrect work of the reheating electrodes.

  The above conclusions constitute remarkable aids for optimization of the production process in Polish glass industry.

Received June 24, 1985
Accepted in revised form September 25, 1985

References

[1] *D. Wolf, W. Resnick*, Ind. Eng. Chem. Fundament, 2, 4 (1983) 287
[2] *K. G. Kruszewski, J. St. Michalik*, Identification of the Molten Glass Flow Process in Tank Furnaces. Isotopenpraxis, 22 (1986) 49
[3] *K. G. Kruszewski*, Internal Report of INR, 115/XVI/ 78
[4] *R. L. Solomon, J. L. Hudson*, A. I. Ch. E. Journal **17** (1971) 371
[5] *K. G. Kruszewski*, Postępy Techniki Jadrowej **23** (1979) 105–114
[6] *K. G. Kruszewski*, M. Harasimowicz, Internal Report of INR 21 /XVI/ 78
[7] *K. G. Kruszewski, M. Harasimowicz*, Internal Report of INR, 49 /XVI/ 77

Isotopenpraxis 22 (1986) 7, S. 236 bis 239

Application of the Quantitative Autoradiography for Determination of Radioisotope Concentration in Small Particles

Jan Kowalczyk

(Institute for Physics and Chemistry of Metals, Silesian University, Katowice, Poland)[1])

In this paper has been showed that on the base on the model of interaction between the particles fluxes emitted from gravity centre of spherical source and the plane which is in a distance r from this centre is possible to derive the dependences between the area under photometric curve and the radioisotope concentration or particle diameter. There has been showed also the experimental verification of these dependences by use as the "point" sources the spherical particles of ion-exchange resin with isotope ^{141}*Ce.*

Auf der Grundlage eines Modells der Wechselwirkung zwischen einem Partikelfluß, der aus einem Gravitationszentrum einer sphärischen Quelle emittiert wird, und einer Fläche im Abstand r von diesem Zentrum kann gezeigt werden, daß eine Abhängigkeit zwischen der Fläche unterhalb der photometrierten Kurve und der Radioisotopenkonzentration besteht. Es konnten experimentell diese Abhängigkeiten unter der Annahme von „Punkt"-Quellen der sphärischen Partikeln eines Ionenaustauscherharzes mit dem Radioisotop ^{141}*Ce verdeutlicht werden.*

Keywords

autoradiography; cerium 141; ion-exchange materials; photometry; point sources; resins; simulation

1. Introduction

Quantitative autoradiography because of its sensitivity may be the convenient method for determination of a small amounts of radiotracer in single small particles (5–100 μm).

Blackening which have been caused by "point source" may be described by Gausse curve equation [1], or as it has been shown in publication [2] by bell-shape function which allows to estimate a size particle and radioisotope concentration on a base of its shape and maximum height.

Unfortunately, majority of the real samples are heterogeneous ones and the photometric curves are distorted what causes that interpretations are very difficult or even impossible to be made. The magnitude which is a measure of the isotope amount in a sample and which at the same time is shape independent is the area under the photometric curve.

In this paper some dependences between this area and the size of particle as well as the radioisotope concentration have been derived. This paper presents also the verification of these results exemplified by means of ion-exchange resin particles.

2. Theoretical part

In another paper [2] there has been presented the derivation of a formula which allows to compute the flux of particles which fall onto a plane and are emitted by point source placed on a distance "r" from this plane

$$\varrho = k\,\frac{r}{(x^2 + r^2)^{3/2}} \tag{1}$$

where: x — a distance from the vertical projection of particle centre of gravity, ϱ — particles flux, k — constant, r — distance between source centre and the plane.

It can be derived that constant k is equal:

$$k = k' c r_p^3 \tag{2}$$

where: k' — constant, c — isotope concentration, r_p — the radius the of particle.

In the case when the distance between the gravity centre of the particle and the plane is equal to the radius of this particle, the equation (1) may be expressed as:

$$\varrho = k'\,\frac{cr^4}{(x^2 + r^2)^{3/2}} \tag{3}$$

When we introduce (3) to equation of the characteristic curve of emulsion which has been derived in paper [3]:

$$D = D_{\max}(1 - \exp - K\varrho) \tag{4}$$

where: D — optical density, $D_{\max}$ — maximal optical density, K — constant.

Then we receive:

$$D = D_{\max}\left(1 - \exp - Kk'\,\frac{cr^4}{(x^2 + r^2)^{3/2}}\right) \tag{5}$$

The area under this curve which is in the same time the photometric curve of the blackening caused by "point" source may be determined by means of integration of this equation. The results of the numerical integration of the equation (5) are shown as:

a) a plot of the dependence of the area under photometric curve versus the radius of the particle for constant isotope's concentrations (Fig. 1).
b) a dependence of the area under photometric curve versus concentration of isotope for a constant radius (Fig. 2).

In order to do the quantitative determination of the concentrations it is convenient to describe these curves by

[1]) Address: Uniwersytet Slaski, Instytut Fizyki i Chemii Metali, Wydziat Techniki, ul. Bankowa 14, P 40-007 Katowice/Polska

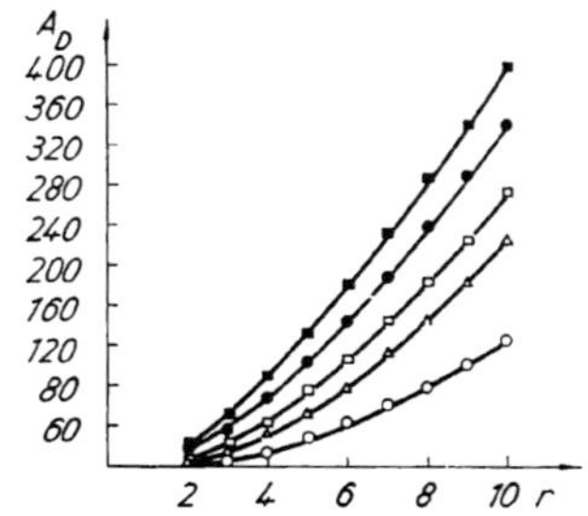

Fig. 1. The dependence of the area under the curve (10) A_D versus the radius of the particle for constant concentrations of isotope

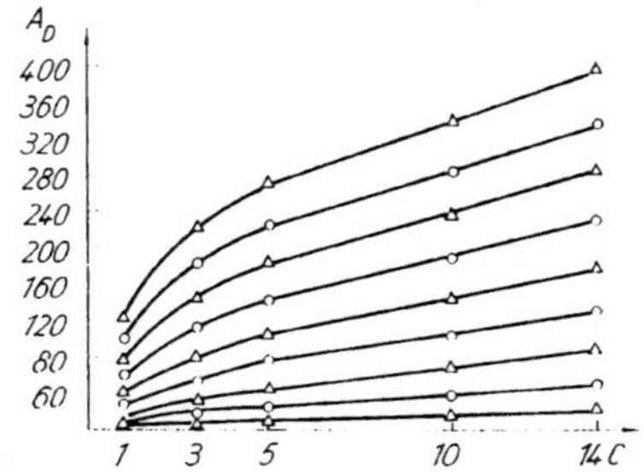

Fig. 2. The dependence of the area under the curve (10) A_D versus the isotope concentration in particle for constant radiuses of the particles

linear equations. It was found that for the dependences which were shown on Fig. 1 the best formula is the next one:

$$\int D\,\mathrm{d}x = A_D = Ar^{3/2} + B \tag{6}$$

The agreement between the experimental points and the straight lines which are ploteted in an accordance with equation (6) (Fig. 3) is a very fine one. Merely for the small values of integrals, when the optical density D for parameter $x = 0$ is smaller than 0·3 the discrepances are somewhat bigger.

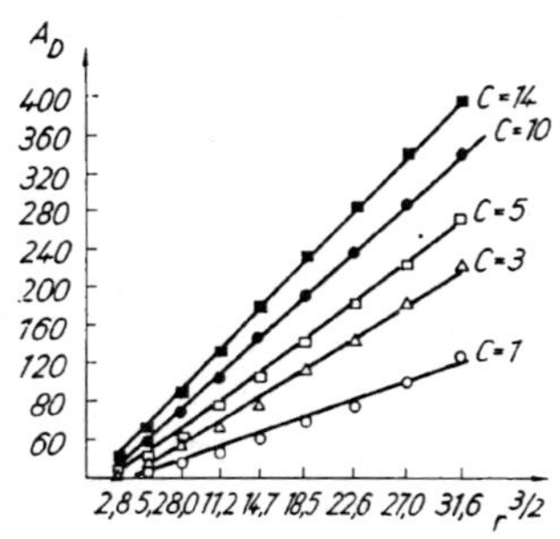

Fig. 3. The dependence of the area A_D versus radius of the particle $r^{3/2}$

Directional coefficients of the straight lines (Fig. 3) are bound by means of the dependence (Fig. 4):

$$\operatorname{tg} \alpha = Ac^{1/3} + B \tag{7}$$

If we have done measurements for samples of known concentrations then we can evaluate the coefficients for the equations of the form $A_D = f(r^{3/2})_c$. Unfortunately this function is not very useful to be used in order to evaluate concentrations in samples unknown. In order to evaluate that the function $A_D = f(c^{1/2})_r$ is much more useful. This dependence can be the most conveniently presented as the linear equation:

$$A_D = Ac^{1/2} + B \tag{8}$$

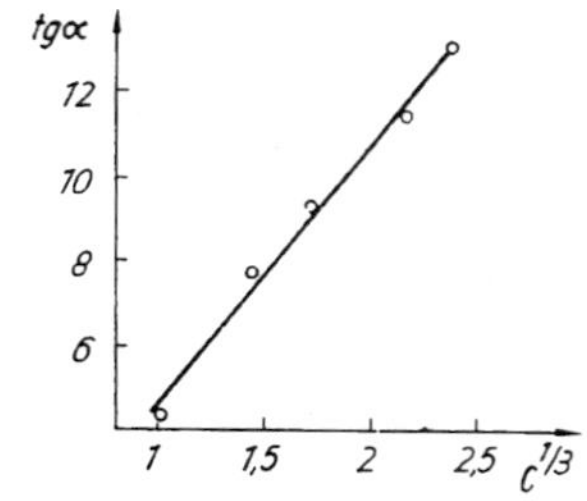

Fig. 4. The dependence of the directional coefficient of the lines which has been shown on Fig. 3 versus the concentration of isotope in the particle $c^{1/3}$

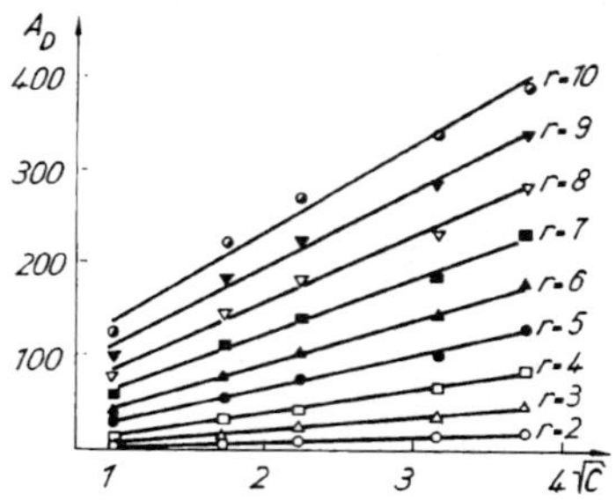

Fig. 5. The dependence of the area A_D versus square root of the isotope concentration in the particle for the constant particle diameters

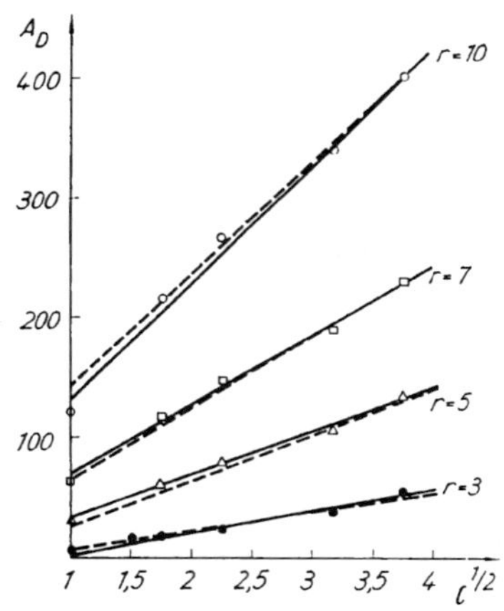

Fig. 6. The dependence of the area A_D and the concentration of the isotope in the particle $c^{1/2}$

This lines has been drawn on Fig. 5. Directional coefficients of these lines can be also described by means of the equation:

$$\operatorname{tg} \alpha = Ar^{3/2} + B \tag{9}$$

On the next Fig. 6 the straight lines have been presented as examples for a transformation of the dependence $A_D = f(r^{3/2})_c$ (straight continues lines) into the dependence $A_D = f(c^{1/2})_r$. On the same Fig. 6 some straight lines have been also presented which had been previously on Fig. 5 (broken lines).

The differences between these lines are not big what shows that evaluation of calibration curves on a base of a plot of $A_D = f(r^{3/2})_c$ is possible and it does not introduce bigger errors.

The fine accordance between the linear equations presented in this paper and the points obtained by means of integration of the equation (5) shows, that the solution of the integral can be described by the equations $A_D = f(r^{3/2})_c$ and $A_D = f(c^{1/2})_r$ within a quite large range of r and c.

3. The experimental verification

The dependences which have been presented above, had been derived with an assumption that the total activity is concentrated in the gravity centre of the spherical particle. In practice it is very difficult to find particles with such properties. Therefore, in order to check the derived dependences one has used such particles which fulfill the conditions only in a part. Such the particles were these of ion-exchange resin Dowex 1X8. These particles possess such attributes like sphericity which is in agreement with our assumptions, and the homogeneous isotope distribution. In order to get the model particles containing various amounts of radioisotope the ion-exchange has been processed. By means of these particles the characteristic curve of the emulsion has been evaluated. This curve is plotted on Fig. 7, and this function can be presented as the dependence (10):

$$\lg (D_{max} - D) = 0{\cdot}313 - 3{\cdot}32 \cdot 10^{-3}E \qquad r = 0{\cdot}99 \tag{10}$$

The value of correlation coefficient points out the very good agreement between the dependence (4) and the characteristic curve of the isotope ^{141}Ce and the film AF-3 (ORWO).

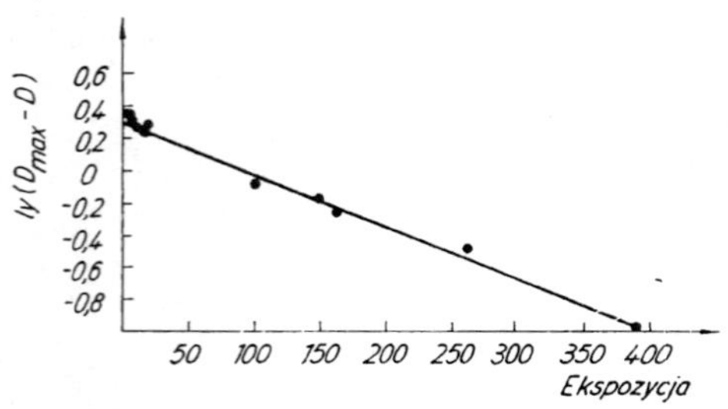

Fig. 7. The characteristic curve of the emulsion AF-3 (ORWO) for isotope ^{141}Ce

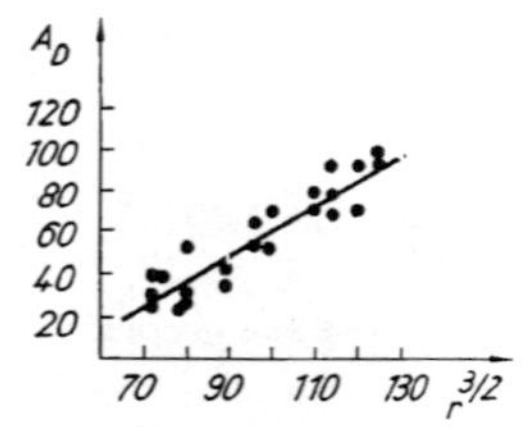

Fig. 8. The dependence of the area under photometric curve versus the particle radius for the relative isotope concentration equal 17

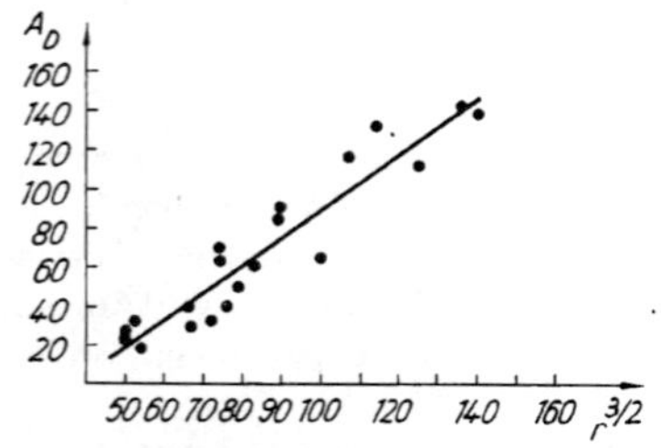

Fig. 9. The dependence of the area under photometric curve versus the particle radius for the relative isotope concentration equal 23

Next was made the autoradiograms for the particles of resins of known isotope concentrations. Photometric analysis for correlated, as described in [4], points were made on the Schnellphotometer typ G II Zeiss with redesigned measuring system of transmission beam and automatic shift of samples. The particles' diameters were determinated microscopically.

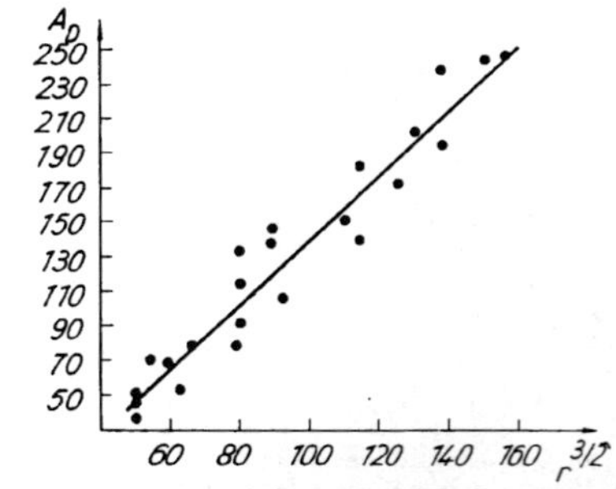

Fig. 10. The dependence of the area under photometric curve versus the particle radius for the relative isotopeconcentration equal 40

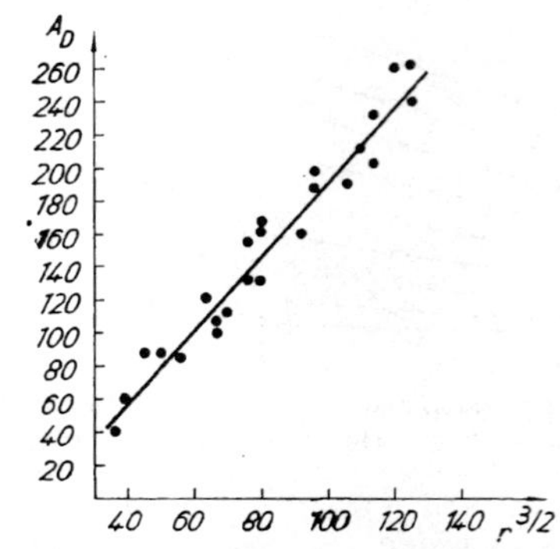

Fig. 11. The dependence of the area under photometric curve versus the particle radius for the relative isotope concentration equal 61

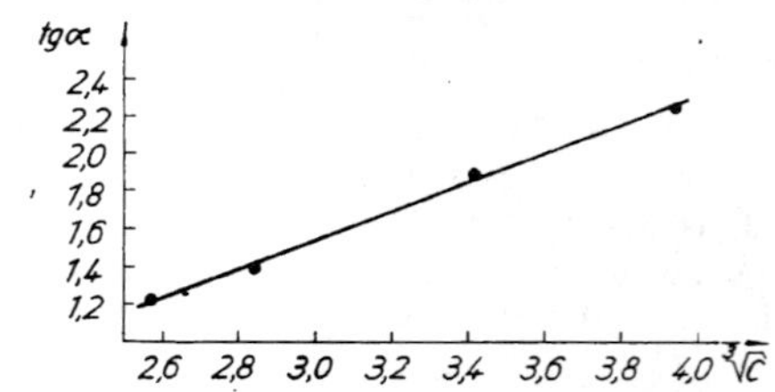

Fig. 12. The dependence of the directional coefficient for equations 11 – 14 versus the isotope concentration in the particle $c^{1/3}$

On the base of the above described measurements it was possible to draw for various isotope concentrations the dependences $A_D = f(r^{3/2})_c$ (Fig. 8, 9, 10, 11). For these empirical points the following equations were derived:

$$A_{D17} = 1{\cdot}215 r^{3/2} - 60{\cdot}03 \qquad r = 0{\cdot}925 \tag{11}$$

$$A_{D25} = 1{\cdot}401 r^{3/2} - 50{\cdot}72 \qquad r = 0{\cdot}946 \tag{12}$$

$$A_{D40} = 1{\cdot}882 r^{3/2} - 46{\cdot}90 \qquad r = 0{\cdot}964 \tag{13}$$

$$A_{D60} = 2{\cdot}254 r^{3/2} - 31{\cdot}98 \qquad r = 0{\cdot}975 \tag{14}$$

On Fig. 8 – 11 one can notice the good agreement between the obtained experimental points and the equations 11 to 14. The values of the correlation coefficients are a little bit lower 0·925 – 0·975 compared to $\sim 0{\cdot}99$ which have been obtained for the points corresponding to numerical integration of equation (5). The reason for this are errors which one makes when evaluating the areas under the photometric curves, and the particles' diameters. The changes of the correlation coefficient values show that similarly as in the case of the numerical integration the fit of the lines is the better the greater are the values of maximal optical density, i.e. the bigger is the isotope concentration.

It has been also checked if the directional coefficients of the obtained lines can be described by the equation (7) (Fig. 12). As it is apparent from Fig. 12 the agreement between the dependence (7) and the empirical points is very fine one.

Because of the difficulties in getting resins' particles of strictly evaluated sizes it has not been possible to check the dependence (8). However, because this dependence is correct in those cases in which the directional coefficients of the lines $A_D = f(r^{3/2})$ are described by the equation (7) the verification of them does not to be necessary.

4. Conclusions

The fine accordance between the linear equations (6, 8) and the points obtained by means of numerical integration of the equation (5) shows that the solution of this integral can be described by the linear equations $A_D = f(r^{3/2})_c$ and $A_D = f(c^{1/2})_r$ within a quite large range of r and c. Any discrepances occur merely in cases of small values of the integrals, i.e. for such the range of optical density for which the accordance between the equation (4) and the characteristic curve of the emulsion, obtained experimentally, is the least.

It seems so that the experimental results fully confirm the possibility to base on the model which was presented in [2] and confirm that derivation of the dependences (5, 6, 8) on a base of this model is fully justified.

Received May 15, 1985

References

[1] *K. Freyer, G. Kummer, W. Birkholz,* Proceedings of IXth International Symposium on Autoradiography, Hradec Kralove 1976, p. 42 – 47

[2] *A. Wilczyński, J. Kowalczyk,* Proceedings of XIIIth International Symposium on Autoradiography, Tabor, ČSSR 1983, p. 17 – 25

[3] *K. Freyer, D. Fischer, S. Weisse,* Proceedings of IXth International Symposium on Autoradiography, Hradec Kralove 1976, p. 34 – 37

[4] *J. T. Kowalczyk, A. W. Wilczyński,* Proceedings of XIIIth International Symposium on Autoradiography, Tabor, ČSSR 1983, p. 114 to 127

Isotopenpraxis 22 (1986) 7, S. 239 bis 245

14 MeV Neutron Activation Analysis of some Ores[1])

A. M. El-Khatib, S. A. Mahmoud, B. M. Moharram

Physics Department, Faculty of Science Alexandria University, Alexandria, Egypt and Physics Department, Cairo University, Khartoum branch

Neutron activation technique was used to determine trace elements in ferrosilicon alloy, cassiterite, chromite, galena and pyrite. The obtained results were compared with those from conventional methods. The comparison shows to some extent an agreement in both, but the detection lower limit of some elements in case of NAA is far better than in the others.

Die Technik der Neutronenaktivierungsanalyse (NAA) wurde verwendet, um Spurenelemente in Eisensiliciumlegierung, Zinnerz, Chromeisenerz, Bleierz und Schwefelkies zu bestimmen. Die erhaltenen Ergebnisse wurden mit herkömmlichen Methoden verglichen. Der Vergleich zeigt annähernde Übereinstimmung zwischen beiden, jedoch die untere Nachweisgrenze einiger Elemente ist im Falle der NAA weit besser als bei den anderen Methoden.

Keywords

galena; neutron activation analysis; nondestructive analysis; ore composition; pyrite; trace amounts

1. Introduction

The non-destructive neutron activation analysis technique is widely used in many fields. For example, the investigation of trace elements in crude oils, the mineral content in human hair, finger nails and different tissues, the determination of trace elements in coal, coal fly-ash, dry plants, other air-polluting materials; and moreover, the multi-element investigation of different geological samples to determine the economics of exploration besides the importance of discovering valuable raw materials as rare earth elements, gold and silver.

To be competitive with other trace analysis methods, NAA should take profit, experimentally easy with the proper precuations, accurate and computer oriented standardization technique. NAA is considered to be one of the most important non-destructive methods by which the various concentrations of certain elements through a very wide range (ppb $\cong$ 100%) can be determined.

2. Experimental

The samples under investigation are: Ferro silicon alloy, Cassiterits, Chromite, galena and pyrite ore minerals.

Each sample was capsulated in a circular cover of 3 cm diameter and 2 mm thick. The zero effect of the sample was measured, to be taken into consideration through the analysis. Then the sample was irradiated to the maximum neutron output.

A D-T neutron generator Philips manufacture, was used to active the sample. The neutron spectrum of this generator was determined by using the threshold foil technique [4] which is represented in Fig. 1. The neutron output was continuously measured by using copper foil as monitor, the normalizations and corrections were applied to all measurements.

After several test experiments, it was decided to use standard irradiation times which are 12 hr, 1 hr and 15 min, to cover different ranges of half lifes from days down to minutes.

It is worthy to mention here that, prior to this work, 66 ordinary elements of the periodic table had been sub-

[1]) Dedicated to Prof. Dr. Y. S. *Selim's* 60th Birthday

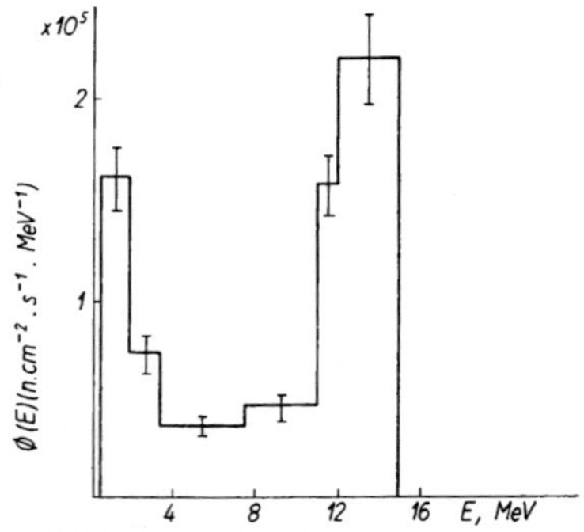

Fig. 1. Absolute differential flux measured by threshold foils

jected to irradiation. The analyzed results as standards are compiled [5]. Moreover, as a part of the program, for trace technique analysis, not only the individual elements had been irradiated and analyzed but also bimetallic and trimetallic thin films were prepared and analyzed [6].

Just after the end of irradiation the sample was manually transferred to the spectrometer. The last is a combination of scintillation detector NaI(Tl) 3″ × 3″ of Canberra model 802 and resolving power 8% at 622 keV, inconnection with MCA of Canberra series 30. The spectrometer was calibrated by using several radioisotopes to cover a wide range of energy (see Tab. 1). A graphical representation of this calibration is given in Fig. 2.

The sample was subjected to continuous measurements and the spectra were stored on the tape.

Tab. 1. Sources used for energy-calibration

Isotop	Half-life	E_γ, MeV	γ-Probability
^{133}Ba	10·74 y	0·08	0·343
		0·56	0·681
^{57}Co	271 d	0·122	0·856
^{54}Mn	312 d	0·834	1·00
^{60}Co	5·27 y	1·173	~ 1·00
		1·332	1·00
^{22}Na	2·602 y	1·274	0·999

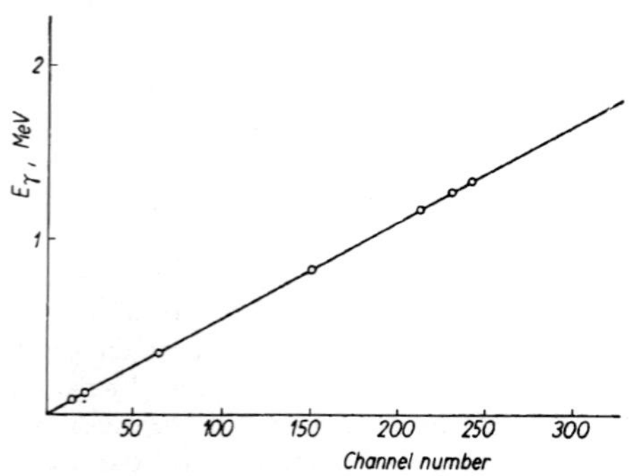

Fig. 2. NaI(Tl) detector, energy calibration

The analysis of the data revealed a presence of multiradioisotopes with different half-lives and different gamma energies even in the same γ-peak (resolution has to be considered).

One has to be careful in this analysis with respect to:

a) Efficiency of the detector at different energies which plays an important role in the determination of the activity.

b) Resolution of NaI(Tl) which sometimes leads to the interference of γ-peaks.

c) Compton scattering of the high energy peaks, which gives complications in the analysis of the low energy peaks.

3. Detector efficiency

The need for calibration arises from the fact that one or more factors, such as the intrinsic efficiency, the effective geometry, or the window or wall absorption are unknown.

When measuring point sources at a large source-detector distance where true coincidence is negligible, the ε_p (full energy peak detection efficiency) can be easily determined with the use of so called primary absolutely calibrated gamma point sources, making use of the equation [7]:

$$C = \frac{A}{t \cdot \varepsilon_p \cdot \gamma} \tag{1}$$

where

C = true activity

A = area of the peak

t = counting time

ε_p = Energy peak detection efficiency

γ = gamma ray probability.

Here again besides, standard liquid gamma sources provided by Amersham, England had been used as extended sources. These radioactive sources were prepared in Technology High-School Eindhoven, Holland*).

By means of a needle, a point source was prepared and the activity was measured at a distance of 50 cm using a combination of Ge (Li), MCA Canberra Series 80 and PDP 11. Expanding this source on a 3 cm diameter filter paper the activity was measured again at different distances, starting from 50 cm down to the surface of the detector.

The same sources were used to determine the efficiency of NI(Tl) detector. The obtained curves with the best fit are shown in Fig. 3.

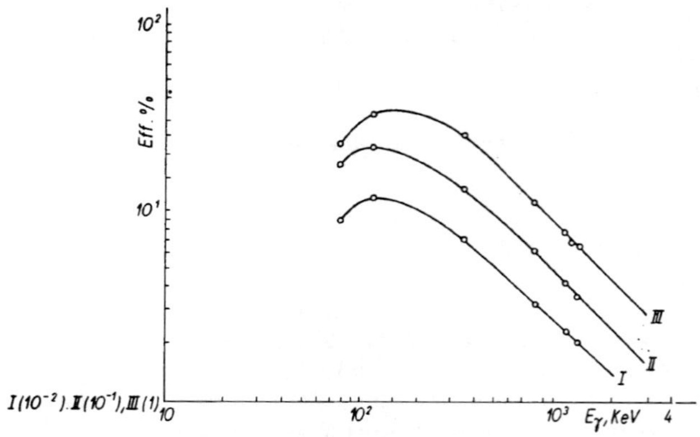

Fig. 3. Absolute detection efficiency curves for the used NaI(Tl) detector

H = 50 cm (I); 10 cm (II); 0·0 cm (III)

4. Concentration determination

Knowing the apparent zero activity of each radioisotope of certain decay constant λ_x and the efficiency of the detector one can determine the absolute activity, takine

*) Authors are grateful to the Radiation Protection Group, Technology High-School, Eindhoven, Holland, for Supplying, us with these standard sources.

Kurznachrichten / Newlets

Wiederaufbereitung:

FRANKREICH-ERFOLGREICHER ABSCHLUSS DER WIEDERAUFARBEITUNGS-KAMPAGNE 1984/85 IN LA HAGUE

Die bisher laengste Kampagne zur Wiederaufarbeitung oxidischer Kernbrennstoffe aus Leichtwasser-Reaktoren in der Anlage UP 2 in La Hague ist am 6.11.1985 abgeschlossen worden. Seit dem Beginn der Kampagne, am 8.11.1984, sind insgesamt 418 Tonnen U wiederaufgearbeitet worden. Damit wurde in eindrucksvoller Weise demonstriert, dass die Anlage in der Lage ist, ihre Nominalkapazitaet von 400 Tonnen U pro Jahr zu erreichen, und dies, obwohl das durchschnittliche U-Gewicht pro Brennelement nur bei 375 kg lag und nicht, wie der Ausleger zu Grunde gelegt, 500 kg pro Brennelement betrug. Bei der Bewertung des erreichten Durchsatzes ist ferner zu beruecksichtigen, dass die Anlage waehrend der Monate Juli und August 1985 fuer die jaehrlichen Wartungsarbeiten abgeschaltet war. Waehrend der kommenden Monate wird die Anlage UP2 fuer die Wiederaufarbeitung metallischer Kernbrennstoffe aus dem Gas/Graphit-Reaktor-Kernkraftwerk Bugey 1 eingesetzt werden. Wegen seiner besonderen Form kann dieser Brennstoff noch nicht, wie die uebrigen franzoesischen metallischen Brennelemente, in Marcoule verarbeitet werden. Bis zum 6.11.1985 hat die Cogema in La Hague insgesamt 1338 Tonnen oxidischen U wiederaufgearbeitet. 4163 t U in verbrauchten Leichtwasser-Reaktoren-Brennelementen wurden bisher in La Hague angeliefert. (SVA-Bulletin (1985) 20)

JAPAN-ERFOLGREICHES JAHR FUER DIE WIEDERAUFARBEITUNGSANLAGE TOKAI

Am 27.11.1985 hat die japanische Power Reactor and Nuclear Fuel Development Corporation, PNC, die Wiederaufarbeitungskampagne in ihrer Anlage Tokai fuer das Rechnungsjahr 1985 planmaessig abgeschlossen. Waehrend dieser Kampagne, die im April 1985 begann, wurden insgesamt 73,5 t U aus verbrauchten Leichtwasser-Reaktor-Brennelementen wiederaufgearbeitet. Das Planungsziel fuer diese Kampagne waren 70 t U gewesen. Seit der Inbetriebnahme im Jahre 1977 sind damit in der japanischen Pilot-Wiederaufarbeitungsanlage insgesamt 252,8 t U durchgesetzt worden. Damit rangiert die Anlage in Tokai, was die Wiederaufarbeitung von Brennelementen aus Leichtwasser-Reaktoren angeht, an zweiter Stelle nach der franzoesischen Anlage UP2-400 in La Hague mit einem Durchsatz von 1200 t U des gleichen Brennstofftyps. (SVA-Bulletin (1986) 3)

Kr-85-ABTRENNUNG EINSATZBEREIT

Das sog. KRETA-Verfahren, ein im Kernforschungszentrum Karlsruhe (KfK) entwickeltes Verfahren zur Abtrennung des radioaktiven Edelgases Kr-85 aus dem Abgas von Wiederaufarbeitungsanlagen, hat die technische Reife erlangt. Die Entwicklung des Verfahrens dauerte zwoelf Jahre und kostete ca. 50 Mio. DM.

Fuer die Abtrennung des Kr-85 wurde in Karlsruhe ein Tieftemperaturverfahren entwickelt. Vor der Tieftemperaturbehandlung wird das bereits von Aerosolen und Radiojod gereinigte Aufloeserabgas zunaechst durch Filter, Katalysatoren und Molekularabsorber von den fuer das Tieftemperaturverfahren stoerenden Bestandteilen Sauerstoff, Stickoxide, Kohlendioxid und Wasserdampf gereinigt. Das verbleibende Abgas - mehr als 98% sind Stickstoff - mit den Apaltprodukten Krypton und Xenon wird dann in die Tieftemperaturabscheidungskolonnen der KRETA-Anlage eingespeist. Bei Temperaturen von 100-200 K werden in einer ersten Gegenstromkolonne Krypton und Xenon aus dem Traegergas Stickstoff abgeschieden und anschliessend in einer zweiten Gegenstromkolonne voneinander getrennt. (Atomwirtschaft/Atomtechnik 31(1986)2) S. 61)

Frankreich: VOLLSTAENDIGE SCHLIESSUNG DES BRENNSTOFF-KREISLAUFES DURCH URAN-REZYKLIERUNG

Die Electricite de France (EDF) prueft derzeit eingehend die technischen Moeglichkeiten und wirtschaftlichen Aussichten einer Rueckfuehrung des bei der Wiederaufarbeitung anfallenden U. Die den Untersuchungen zugrundeliegende Absicht zielt auf eine vollstaendige Schliessung des Brennstoff-Kreislaufes der Druckwasser-Reaktoren in Frankreich, nachdem die EDF bereits Mitte 1985 beschlossen hat, das in La Hague wiedergewonnene Pu als Mischoxid (MOX) so rasch, wie es der Zubau von MOX-Brennelementfabriken erlaubt, in den Druckwasser-Reaktoren der 900-MW-Klasse zu nutzen. Wie die thermische Rezyklierung des Pu, fuehrt auch die Wiederverwendung des aus verbrauchten Brennelementen wiedergewonnenen U zu einer deutlichen Verringerung des Bedarfs an Natur-U und damit zu einer Schonung der Energie-Ressourcen. Bei einer Wiederanreicherung auf U-235-Gehalte normaler Druckwasser-Reaktor-Brennelemente entspricht 1,0 kg wiedergewonnenes U einem Bedarf von 1,5 kg Natur-U. Beruecksichtigt man, dass Brennelemente, die ausschliesslich aus wiedergewonnenem U hergestellt werden, zur Kompensation des in ihnen enthaltenen U-236 eine etwas hoehere Anreicherung benoetigen, so betraegt der Aequivalenzwert 1,3 kg Natur-U. Der letzgenannte Wert gilt fuer Material, das in den bestehenden Gasdiffusions- oder Gaszentrifugen-Anlagen angereichert wird. Der zukuenftige Einsatz von Lasertechnik fuer die Anreicherung wird aufgrund der hoeheren selektiven U-235-Abtrennung zu Werten von 1,45 kg fuehren. Die Planung der EDF zielen darauf ab, dass die Anreicherung des aus der Wiederaufarbeitung anfallenden U in der Gasdiffusions-Anlage der Eurodif erfolgen wird, worueber zwischen EDF und der Compagnie Generale des Matieres Nucleaires (Cogema) Einvernehmen im Grundsatz besteht. Fuer die grosstechnische Konversion von Uranylnitrat aus der Wiederaufarbeitung zu UF_6 plant Comurhex den Bau einer neuen Anlage in Pierrelatte. Die Anlage mit der Bezeichnung Urex 2000 soll eine Kapazitaet von 1000 bis 1200 t U pro Jahr erhalten. Mit der Fertigung von Brennelementen unter ausschliesslicher Verwendung von wiederangereichertem U soll von Fragema/FBFC 1986/87 begonnen werden. Fuer Versuchszwecke in einem Druckwasser-Reaktor der EDF werden zunaechst vier solcher Brennelemente hergestellt werden. Nach Berechnung der EDF liegt der Wert von wiedergewonnenem U bei Verarbeitung in den bestehenden Anlagen zwischen 0,9 und 1,2 des Wertes der gleichen Menge an Natururan. (SVA-Bulletin (1986) 1)

Kernbrennstoff:

GROSSBRITANNIEN DECKT URANBEDARF KUENFTIG VOLLUMFAENGLICH IN NORDAMERIKA

Die britischen Kernkraftwerksbetreiber haben sich in zwei langfristigen Vertraegen mit der Everest Minerals Corporation in Corpus Christi (Texas) und der Energy Fuels (Nuclear) in Denver (Colorado) weitere U-Lieferungen aus den USA gesichert. Die beiden Unternehmen werden ab 1987 waehrend 10 Jahren je 1600 t U liefern. Daneben bezieht Grossbritannien groessere Mengen U aus Kanada. Die britischen Kernkraftwerke werden damit in absehbarer Zeit ausschliesslich mit nordamerikanischem U versorgt. Einen Vertrag ueber die Lieferung von U aus Namibia liess die britische Elektrizitaetswirtschaft Ende des vergangenen Jahres auslaufen. (SVA-Bulletin (1985) 20)

AUSTRALIEN - URANMINE RANGER ERHOEHT PRODUKTIONSKAPAZITAET

Die australische Unternehmung Energy Resources of Australia Ltd. (ERA), welche die U-Mine Ranger im Northern Territory betreibt, will die Produktionskapazitaet dieser Anlage von gegenwaertig 3000 t U-Konzentrat pro Jahr auf 4500t/a steigern. Diese Kapazitaetserhoehung soll mit relativ geringen Aenderungen zu erzielen sein und wird mit dem Abschluss zusaetzlicher Liefervertraege begruendet. Aufgrund der neuen Kontrakte erwartet die ERA fuer die Mine Ranger eine jaehrliche Zunahme der Natururan-Verkaeufe um 800 t fuer 1988 und um mehr als 1100t fuer 1990. (SVA-Bulletin (1985) 20)

Kernenergie:

SCHWEDEN - FORSMARK-3 IM KOMMERZIELLEN BETRIEB

Die dritte Einheit des von der staatlichen schwedischen Elektrizitaetsgesellschaft Vattenfall betriebenen Kernkraftwerks Forsmark noerdlich von Stockholm steht seit Mitte August 1985 im kommerziellen Betrieb. Der 1050-MW-Block hatte am 5.3.1985 erstmals Strom ans Netz abgegeben und erreichte im Juni 1985 Volleistung. Forsmark-3 ist mit einem Siedewasserreaktor von Asea-Atom und einem Turbosatz von Stal-Laval/BBC ausgeruestet. (SVA-Bulletin (1985) 20)

Kerntechnik:

HARRISBURG-STOERFALL IM MODELL

Im Rahmen des Projektes Nukleare Sicherheit des KfK wurde eine Versuchsanlage in Betrieb genommen, in der schwere Schaeden, die im Vorfeld eines Kernschmelzenunfalls an den Brennelementen eines Reaktors auftreten, untersucht werden können. Dabei koennen auch Ablaeufe simuliert werden, wie sie unter dem Stichwort "Harrisburg-Unfall" bekannt wurden: Ueberhitzung eines mangelhaft gekuehlten Reaktors im Temperaturbereich von 1200 bis ueber 2000°C mit lokalen Schmelz- und Versproedungsprozessen, die beim anschliessenden Fluten einen teilweisen Zusammenbruch der Kernstruktur zur Folge haben. Ziel dieser Versuche ist eine quantitative Beschreibung der Sicherheitsreserven, die bis zum unkontrollierten, vollstaendigen Schmelzen eines Reaktorkerns vorhanden sind. Bei den heutigen Risikostudien wird noch im Sinne einer auf der sicheren Seite liegenden Ueberschaetzung davon ausgegangen, dass bei einem Kuehlmittelverlustunfall oberhalb einer Temperatur von 1200°C stets mit einem unkontrollierten Schmelzen des Reaktorkerns zu rechnen ist. Der Three-Mile-Island-Unfall hat jedoch gezeigt, dass eine Ueberschreitung der derzeitigen Auslegungsgrenze von 1200°C nicht zwangslaeufig zu einem unkontrollierten Kernschmelzen fuehrt, sondern dass die Temperaturueberhoehung bei weitaus hoeheren Temperaturen abgefangen und der abgeschaltete Reaktor trotz schwerer Schaeden in einen kuehlbaren Zustand gefuehrt werden kann. Durch Absinken des Wasserspiegels im Druckbehaelter muss bei Kuehlmittelverlustunfaellen und gleichzeitig ausfallender oder verspaetet einsetzender Notkuehlung mit einer am oberen Ende des Reaktorkerns beginnenden unvollstaendigen Kuehlung der Brennelemente durch eine Dampfstroemung - statt der wirkungsvolleren Wasserstroemung - gerechnet werden. In der neuen Anlage Cora werden die Vorgaenge an Buendeln aus 2m langen Brennstaeben messtechnisch erfasst. Die Brennstaebe sind mit UO_2-Tabletten gefuellt. 24 Brennstaebe des Buendels koennen auf einer Laenge von 1m ueber eine elektrische Widerstandsheizung mit einer nuklearen Verhaeltnissen entsprechenden Leistung beheizt werden. Dabei sind Buendeltemperaturen bis ueber 2000°C erreichbar. Die unvollstaendige Dampfkuehlung der Brennelemente wird durch ein entsprechendes Dampfversorgungssystem gewaehrleistet, das das heisse Brennstabbuendel mit bis zu 1000°C ueberhitztem Dampf bei Drucken bis zu 10 bar beaufschlagt. Geflutet wird das ueberhitzte Brennstabbuendel durch einen mit Wasser gefuellten Flutbehaelter, der hydraulisch von unten ueber das Buendel geschoben wird. Die dabei schlagartig entstehenden grossen Dampfmengen werden ueber Schwallkondensatoren aufgefangen. Die gesamte Anlage ist fuer die heftig verlaufenden Vorgaenge dieses Experiments ausgelegt. Sie wurde in einem Zeitraum von 4 Jahren mit Kosten von rund 2 Mio errichtet. Die Versuchskampagne wird voraussichtlich bis Ende 1987 dauern. (SVA-Bulletin (1986) 6)

Radioisotope:

FRANKREICH - ERSTMALS Am-241

Das franzoesische Commissariat à l'énergie atomique (CEA) hat erstmals Am-241 nach Grossbritannien, nach China und in die Vereinigten Staaten verkauft. Entsprechende Bestellungen erfolgten seitens der britischen Amersham International fuer 1,5 kg, der chinesischen Regierung fuer 50 g und einer amerikanischen Oelfirma in Houston fuer 200 g. Der Alphastrahler Am-241 entsteht beim Zerfall Pu-241 und ist vor allem durch seine Verwendung in Rauchdetektoren bekannt. Groessere Mengen werden allerdings verwendet fuer Neutronenquellen, Geraete zur Dickenmessung sowie bei der Exploration von Erdoel und Mineralstoffen. (SVA-Bulletin (1986) 6)

Umwelt:

SONNEN- UND KERNENERGIE ZUR REDUKTION DES CO_2-PROBLEMS

Der bekannte, an der amerikanischen Cornell University wirkende Astronom Carl Sagan hat sich kuerzlich prononciert fuer eine vermehrte Nutzung der Kernenergie als Mittel gegen eine katastrophale Entwicklung des Treibhauseffekts eingesetzt, der sich durch den Anstieg des Gehalts der Erdatmosphaere an CO_2 aus der grossmassstaeblichen Verbrennung fossiler Energietraeger ergibt. Vor dem Schadstoff-Ausschuss des Environment and Public Works Committee des amerikanischen Senats betonte Sagan, die Zeit, das CO_2-Problem zu loesen, sei gekommen. Er bezeichnete den Treibhauseffekt als sehr ernsthaft. Die Bedrohung durch die Erwaermung der Erdatmosphaere als Folge ihres erhoehten CO_2-Gehalts sei real, und der einzige Disput unter den Wissenschaftlern betreffe den Zeitpunkt, zu dem ihre Auswirkungen ein kritisches Ausmass erreichen werden. Zu befuerchten sind namentlich einschneidende Klimaaenderungen, damit einhergehende Verluste riesiger Landwirtschaftszonen sowie ein Abschmelzen der Polareiskappen, was einen massiven Anstieg des Meeresspiegel und katastrophale Ueberschwemmungen von Kuestenstaedten zur Folge haette. Neben der Verbrennung fossiler Stoffe verstaerkten grosse Waldrodungen den CO_2-Anstieg, da dabei Pflanzen zerstoert wuerden, welche CO_2 fuer die Sauerstoffproduktion verbrauchen. Als Strategie zur Loesung des CO_2-Problems nannte Sagan die effizientere Nutzung fossiler Energietraeger sowie einen verstaerkten Einsatz alternativer Energiequellen wie der Sonnenenergie, der Kernspaltungsenergie und - laengerfristig - der Kernfusion. (SVA-Bulletin (1986) 4)

Uranwirtschaft:

ENDE DER EXPLORATION IN AUSTRALIEN

Ende 1986 schliesst die australische Tochter der Urangesellschaft GmbH Frankfurt ihre Geschaeftsstelle in Melbourne und zieht sich aus der Exploration in Australien zurueck. Die Urangesellschaft GmbH (je ein Drittel gehoeren der Metallgesellschaft AG, der STEAG AG und der Veba AG) verhandelt jetzt ueber den Verkauf ihrer meisten Interessen in Australien. Als Grund wird die Politik der australischen Regierung genannt, nur einen beschraenkten Uranabbau zuzulassen und der Urangesellschaft und anderen Unternehmen die bereits erteilte Genehmigung fuer ein Uranprojekt zu entziehen. (Atomwirtschaft/Atomtechnik 31 (1986) 2)

VERFAHREN ZUR GEWINNUNG VON U AUS MARINEN PHOSPHATEN

Seit 1978 arbeitet die deutsche Urangesellschaft mbH an der Entwicklung und Erprobung von Verfahren zur Gewinnung von U aus marinen Phosphaten. Diese Phosphate sind durch Ablagerungen im Meer entstanden und durch ihren vergleichsweise hohen Gehalt von 50 bis 130 ppm U gekennzeichnet. Weltweit gibt es rund 300 Milliarden Tonnen gewinnbare marine Phosphate, in denen annaehernd 30 Millionen Tonnen U enthalten sind. Eine Moeglichkeit der wirtschaftlichen Erschliessung dieses Uranpotentials besteht in Verbindung mit der Herstellung von Phosphorsaeure. In der Phosphorsaeure-Produktion liegt weltweit das Potential, jaehrlich rund 7000 Tonnen U zu gewinnen. Das von der Urangesellschaft mbH entwickelte und mit Uraphos bezeichnete Verfahren besteht im wesentlichen aus einer zweizyklischen Fluessig-Fluessig-Extraktion mit organischen Loesungsmitteln, vergleichbar den Verfahren, die bei der Rueckgewinnung von U und Pu in der Wiederaufarbeitung eingesetzt werden. Im Jahre 1982 wurde eine Pilotanlage in Betrieb genommen, die seither an verschiedenen Orten eingesetzt wird. Sie ist zu diesem Zweck in elf mobile Container eingebaut und umfasst die gesamte Extraktionsanlage bis zur U-Fuellung, eine eigenen Stromverteilung sowie Vorratstanks und eine eigene Werkstatt. Neben der eigenen Pilotanlage ist die Urangesellschaft mbH an einer U-Extraktionsanlage bei einem Phosphorsaereproduzenten im kanadischen Calgary beteiligt. Diese Anlage arbeitet seit 1983 mit einer Produktionskapazitaet von 50 t U pro Jahr nach einem modifizierten Extraktionsverfahren und erweitert somit die Erfahrungsbasis fuer den Einsatz der Gewinnung von U aus Phosphorsaeure, sobald die Uranpreis-Entwicklung dies wirtschaftlich zulaesst. (SVA-Bulletin (1986) 2)

Hochenergiephysik:
PROTON-ANTIPROTON-KOLLISIONEN MIT REKORDENERGIE AM FERMILAB

Im amerikanischen Beschleunigerzentrum Fermilab bei Chicago ist es am 13.10.1985 erstmals gelungen, zwei gegenlaeufige Strahlen von Protonen und Antiprotonen mit einer Energie von je 800 GeV aufeinander prallen zu lassen. Damit stehen fuer die Erzeugung neuer Elementarteilchen und fuer weitere Kollisionsreaktionen Energie von 1600 GeV zur Verfuegung. Dieser Rekordwert liegt rund dreimal hoeher als die Kollisionsenergie des Proton-Antiprotonenkolliders, mit dem Ende 1982 am Cern in Genf die sogenannten Vektorbosonen entdeckt wurden. Die hohe Teilchenenergie des Fermilab-Beschleunigers wurde mit Hilfe von supraleitenden Magneten erreicht. (SVA-Bulletin (1985) 21)

Veröffentlichungen/ Publications

UNITED KINGDOM ATOMIC ENERGY AUTHORITY

AERE-M 3452
Near field sorption data for caesium and strontium - 1985, 23 pp, F.T. Ewart et al

AERE-R 10835
The concentration of medium level radioactive wastes by evaporation - 1985, 84 pp, A.M.Purcell

AERE-R 11584
The source term for the release of nuclides from a radioactive waste repository 2. Vitrified waste in marine sediments - 1985, 35 pp, F.T. Ewart et al

AERE-R 11723
Crystallographic texture: experimental geometry and defocusing correction - 1985, 32 pp, B.E. Sheldon

AERE-R 11730
Washing of plutonium contaminated combustible material. Washing of real waste materials - 39 pp, P.J. Ashby; J.D. Wilkins

AERE-R 11753
Calculated solubilities of actinides and some fission and activation projects under disposal conditions - 1985, 17 pp, J.H. Rees;D.C.Pryke

AERE-R 11808
Operational trials of a CR-39 neutron dosimetry system: progress to January - 1985, 34 pp, K.G. Harrison et al

AERE-R 11825
FLOW3D, a computer code for the prediction of laminar and turbulent flow, and heat transfer: release - 1985, 7 pp, I.P. Jones et al

AERE-R 11923
Interaction of Fecralloy steel with sodium disilicate glass - 1985, 16 pp, M.G.Nicholas

ND-R-1178(R)
A microcomputer based system for determination of electrochemical polarisation curves - 1985, 22 pp, A.S. Raffel

AERE-M 3480
Controlling a sample changer using the integrated counting system - 1985, S. Deacon; M.P.Stevens

AERE-M 11368
Data handling system: programs for the PET computer - 1985, 74 pp, N.J. Hallas

AERE-R 11765
On the equations for the flow of concentrated salt solution through a porous medium - 17 pp, D.A. Lever; C.P. Jackson

AERE-R 11849
The Harwell version of the DLC37F nuclear data library - 1985, 23 pp, L.J. Baker; N.P. Taylor

AERE-M 3507
Application of the DEVIL program to N-body potentials - 1985, 15 pp, R. Thetford

AERE-R 11632
The reduction of uranium oxides with cabon monoxide and hydrogen - 1985, 73 pp, M.J. Druck

AERE-R 11666
Ambient ozone measurements at Harwell January - December 1984 - 1985, 32 pp, F.J. Sandalls; M. Chadwick

AERE-R 11823
The role of colloids in the release of radionuclides from nuclear waste - 1985, 85 pp, J.D.F. Ramsay

AERE-R 11796
Controlled removal by ion beam etching of surface contaminant layers on transmission electron microscope specimens - 15 pp, A.W. James

AERE-R 11926
Neutron irradiations of proton-sensitive track detectors: results of a joint irradiation organised by CENDOS - 1985, K.G. Harrison

AKADEMIE-VERLAG BERLIN

Laser-Doppel-Stroemungsmessung (Physical Research, Band 2) - 1986, 240 S., H.-E. Albrecht

Diskontinuierliche technologische Prozesse - Grundlagen, Analyse, Modellierung, Steuerung - 1986, 320 S., G. Voigt; S. Cramer

Elektronen und Photonen in Halbleitern und Isolatoren - 1986, 160 S., K. Kreher

Grundlagen der Elektronik (Berichtigter Nachdruck der 1. Auflage) - 1986, 356 S., A. Rost

Zuverlaessigkeit und Funktionseffektivitaet komplizierter technischer Systeme (Beitraege zur Forschungstechnologie) - 1986, 170 S., K.-H. Mueller

Analytische Transmissionselektronenmikroskopie (Beitraege zur Forschungstechnologie) - 1986, 60 S., H.-S. Bauer

Rechnergestuetzte Analyse von Stoerungen - 1986, 150 S., F. Baldeweg; A. Lindner

Einheiten, Mass-Systeme, SI
5., bearb. Auflage - 1986, 237 S., D. Bender; E.E. Pippig

Neuerscheinungen

Literaturkatalog 1986
Geowissenschaften, Bergbau, Huettenwesen, Werk-

stoffwissenschaften, Energiewesen
Redaktionsschluss: 22.1.1986 - 79 S., LKG 7010 Leipzig, Leninstrasse 16, PSF 520

Jahreskatalog 1986
des VEB Verlag fuer Bauwesen Berlin
Redaktionsschluss: 13.11.1985 - 115 S., VEB Verlag Bauwesen, 1036 Berlin, Franzoesische Strasse 13/14

Books in Print 1986
Humanities and Social Sciences, Physical Sciences, Earth Sciences - Agriculture, Engineering, Medicine life Sciences
Final deadline: 15. Nov. 1985 - 146 pp, Akadémiai Kiadó, H-1389 Budapest, P.O.Box 149

IAEA 1st Supplement January 1986
Division of Publications,
IAEA, A-1400 Vienna, Wagramerstrasse 5, P.O.Box 100

New Catalogue
Biochemical and Organic Compounds for Research and Diagnostic Clinical Reagents
Sigma Chemical Sompany, St. Louis, MO 63178, USA - February 1986. 1534 pp

Veranstaltungskalender – Tagungen – Lehrgänge / Calendar – Meetings – Courses

4th Workshop "Isotopes in Nature", September 22 - 26, 1986 in Leipzig, Veranstalter: Zentralinstitut fuer Isotopen- und Strahlenforschung der AdW der DDR

5th Symposium on "Photochemistry, September 29 - October 1, 1986 in Reinhardsbrunn, Veranstalter: Zentralinstitut fuer Optik und Spektroskopie der AdW der DDR

International Symposium on "Rotliegendes of Central Europe", September 22 - 28, 1986 in Reinhardsbrunn, Veranstalter: Zentralinstitut fuer Physik der Erde der AdW der DDR

Seminar ueber die Technologie von Radionuklidgeneratoren, 13. - 17. Oktober 1986 in Wien, Veranstalter: IAEA, Wien

Ausgewählte Beiträge / Recently published papers

ATOMNAJA ENERGIJA 60(1986)6 (all in Russian)
Application of a Po-210 α-γ source to determine the content of light elements (Al, F, N) in specimens - Pham Ngok Chyong

On interphase tension and emulsion stratification in extraction systems - V.S. Shmidt; S.D. Nikitin

Radiation stability of high-temperature anhydrogen freons - N.N. Vasilyev

A mathematival model of radionuclide leaching from vitrified wastes ans evaluation of ground water contamination upon burying them in geological formations - L.I. Anisimova et al

Meltability of mixtures of Na, K, Ni and Uranyl Chlorides - V.M. Bazhenov et al

Half-life measurement results of Cm-242 and Am-242m spontaneous fission - A.G.Zelenkov et al

Measurement of fission cross-sections of heavy nuclei for 16-MeV neutrons - A.A.Goverdovski et al

Np-237 thermal neutron fission cross-section and fission resonance integral - V.V. Kozharin et al

JADERNA ENERGIA 32(1986)3 (in Czech)
The generator of Hg-195m - Au-195m and its utilization in nuclear medicine - F. Budsky et al

Mathematical solution of the retention and excretion model - V. Kliment; J. Thomas

Analysis of coastdown effects in VVER-440 reactors in Czechoslovak conditions - J. Malý; K. Matějka

An approximate description of the reactivity course during xenon transients - I. Tinka; E. Tinkova

JADERNA ENERGIE 32(1986)1 (in Czech)
Destruction of liquid organic radioactive wastes
A. Adámek; M. Urbanec

The influence of mass of the scintillation spectrometer on determination of the fast neutron dose - V. Mareš; J. Jakeš

Experimental and theoretical estimation of the effects of geometrical factors on the effectivity of Ge(Li) detectors - J. Beneš et al

IZOTÓPTECHNIKA 28(1985)4 (in Hungarian)
Methodological Experiences with the Use of N-15 Stable Isotope Indication in the Study of the Material Circulation of the Lake Balaton - K. Csermák; F. Máté

Activation Analytical Method for the Determination of Two Isotopes with Almost Equal γ-Energies - S.A. Szabó

Diffusion Coefficient Measurements with Radioactive Tracer Technique - L. Méray; J. Bernáth

Synthesis of Labelled Morphine Compounds - G. Tóth et al

A Dynamic Heart Phantom for Gamma Camera - I. Krasznai et al

WISSENSCHAFT UND FORTSCHRITT 36(1986)4
Human-Interferone - A. Stelzner et al

Schluesselwissenschaft Physik - K.F. Alexander

CMOS-Gate-Array-Schaltkreis - J. Knobloch, W.-J. Fischer

Entwicklungsprobleme unserer Carbochemie - G. Keil et al

Automatisierung wissenschaftlicher Experimente - R.A. Pose

FOOD IRRADIATION NEWSLETTER 9(1985)3
Report of the task force meeting on trade promotion of irradiated food

Second meeting of the international consultative group on foor irradiation -

Second FAO/IAEA rcm on insect disinfestation of food and agricultural products by irradiation

Status of current CO-ordinated research programme of the food preservation section

ESNA-XVIth ANNUAL MEETING - Report working group food irradiation

J. RADIOANAL. NUCL. CHEM. LETT. 96(1985)5
Radiotracer techniques in the study of molecular complexes. Transference number of alcohol-iodine "inner charge-transfer complexes" - S.P. Mishra et al

A note on adsorption and desorption of uranium by polyurethane foam - S. Pearson; H.J.M. Bowen

Emulsion membrane systems for preconcentration of uranium - F. Macášek et al

Determination of Mn and Na in geological samples - G.I. Khalil

into consideration the dead time correction, absorption of the soft photons within the sample and the protecting cover of the scintillator and the decay during measurements.

According to the activity equation:

$$A_x(t_i, t_d) = \frac{m c_x \theta_x A_v}{W} \int_{E_{th}}^{E_{max}} \sigma_E \varphi_E \, dE \cdot (1 - e^{-\lambda_x t_i}) \, e^{-\lambda_x t_d} \tag{2}$$

where

m = mass of the sample.

c_x = concentration of the considered element.

θ_x = isotopic abundance of the isotope undergoing the specified reaction.

W = atomic weight of the element.

t_i, t_d = irradiation and decay times, respectively.

And making use of the standard chart concerning the ordinary elements which were activated as a reference in the same conditions with some corrections and normalizations for the irradiation times, measuring times and neutron flux, the concentration of each original element in the matrix has been determined by the equation:

$$\frac{A_{i,x}}{A_{i,s}} = \frac{m_x c_{i,x}}{m_s c_{i,s}} \tag{3}$$

where x, s refer to sample and standard respectively.

5. Results

Samples were provided as listed in Tab. 2.

The importance of these samples is attributed to their uses as raw materials in different industries.

Tab. 2. Sources of the samples

* Sample	Source
Ferro-silicon alloy	Kima Factory, Aswan,
Cassiterite	Homr-Akarem Area,
Chromite	Baramia district, E.D.
Galena	Elfawakhir Mine, E.D.
Pyrite	Geology Dept., Faculty of Science, Alexandria University

* Authors would like to thank Mr. F. I. Moharram, Manager of Central Laboratory, Kima. Aswan, Dr. A. Bousily and Dr. A. Arslan, Geology Department, Faculty of Science, Alexandria University, for providing some samples and data.

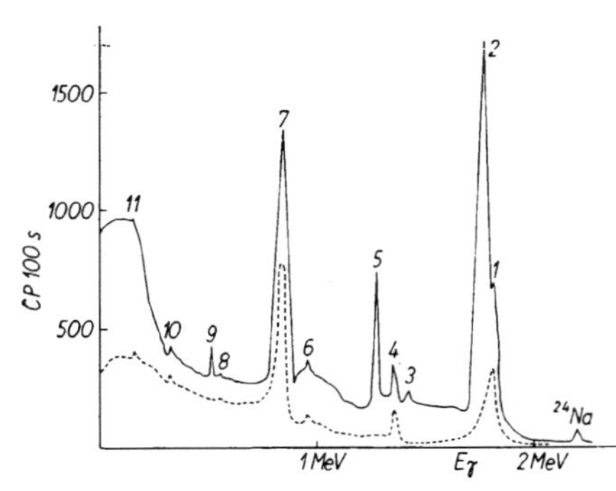

Fig. 4. The detectable γ-lines from activated ferro-silicon alloy
——— γ-spectrum after 1,8 m and – – – γ-spectrum after 1 h from the end of 12 h irradiation
(The numbering of the peaks is according to Tab. 4)

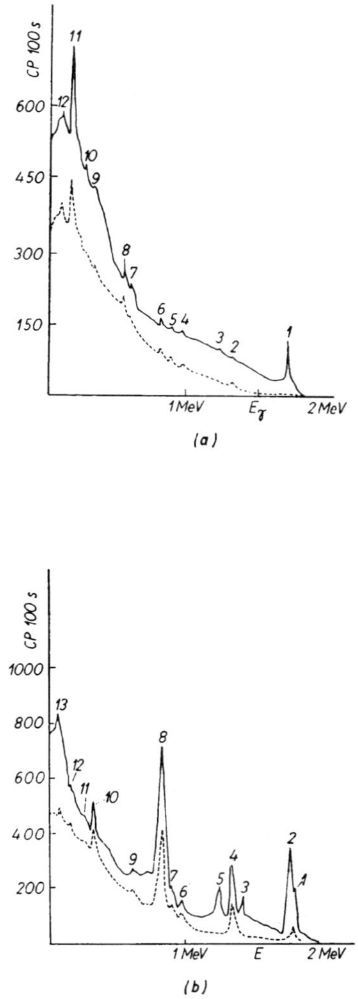

Fig. 5. The detectable γ-lines from activated cassiterite (a) and chromite (b)
——— γ-spectrum after 1,8 m and – – – γ-spectrum after 1 h from the end of irradiation
(The numbering of the peaks 5(a) is according to Tab. 5a and that of 5(b) according to Tab. 5b)

In case of ferrosilicon, it is important to determine the percentage of both matrix elements and traces for industrial purposes, and to protect the produced steel from the effects of traces contained in ferro silicon alloy.

Cassiterite is a source of tin metal which is used in the production of cans on a wide scale. Presence of traces like (As) must be known. Chromite is the only ore of chromium which is used as a ferroalloy to give steel.

Galena is practically the only source of lead and an important source of silver. Also gold was identified and estimated. Pyrite is used as iron ore only in those countries where oxide ores are not available. The importance of this ore is due to the association of minute quantities of gold with ore.

Tab. 3 through 7 give the results of the analysis of these samples. Besides, a comparison with few conventional methods has been applied to determine the constituents of these samples. Fig. 4 through 7 show the gamma spectra of the activated samples as measured by the spectrometer.

Tab. 3. The results of analysis of 10 g ferro-silicon alloy (powder)

Peak number	Gamma-energy [MeV]	Half-life	Reaction	Gamma-Probability [8]	Corrected gross-yield [Bq]	Element	Quantity [g]	Concentration [%] FNAA*)	Concentration [%] Chemically[1])
1	1,8	2,6 h	$^{56}Fe(n, p)^{56}Mn$	0,275	20,5 K				
			$^{55}Mn(n, \gamma)^{56}Mn$						
2	1,78	2,3 m	$^{28}Si(n, p)^{28}Al$	1,00	32,62 K	Si	5,93	59,3	59,18
3	1,43	3,8 m	$^{55}Mn(n, \alpha)^{52}V$	1,00	33,6	Mn	0,028	0,28	0,263
4	1,37	15 h	$^{27}Al(n, \alpha)^{24}Na$	1,00	205	Al	0,108	1,08	1,15
5	1,28	6,6 m	$^{29}Si(n, p)^{29}Al$	0,891	1,47 K				
6	0,99	44 h	$^{48}Ti(n, p)^{48}Sc$	1,00	1,87	Ti	0,011	0,11	
7	0,84	9,4 m	$^{27}Al(n, p)^{27}Mg$	0,731	372				
			$^{30}Si(n, \alpha)^{27}Mg$						
		2,6 h	$^{56}Fe(n, p)^{56}Mn$	0,9887	22,55 K	Fe	3,888	38,88	39,02
			$^{55}Mn(n, \gamma)^{56}Mn$						
8	0,56	2,8 d	$^{123}Sb(n, 2n)^{122}Sb$	0,704	0,22	Sb	0,0003	30 ppm	
9	0,51	9,8 m	$^{63}Cu(n, 2n)^{62}Cu$	1,956	62,9	Cu	0,0115	0,115	0,12
10	0,33	27,7 d	$^{52}Cr(n, 2n)^{51}Cr$	0,103	0,84	Cr	0,01	0,1	0,08
11	0,16	3,4 d	$^{47}Ti(n, p)^{47}Sc$	0,63	0,3				
	0,08	4,2 m	$^{123}Sb(n, 2n)^{122}Sb^{m}$	0,184	1,09				

[1]) As given by the Firm, the accuracy is better than 10 %
*) FNAA method coult not be used to determine the carbon content. Estimated error amounts to ±10 %

Tab. 4. The results of analysis of 4,49 g Cassiterite ore mineral (powder)

Peak number	Gamma-energy [MeV]	Half-life	Reaction	Gamma-Probability [8]	Corrected gross-yield [Bq]	Element	Quantity [g]	Concentration [%] FNAA[1])	Concentration [%] E.S.*)
1	1,78	2,3 m	$^{28}Si(n, p)^{28}Al$	1,00	288	Si	0,051	1,136	
2	1,37	15 h	$^{27}Al(n, \alpha)^{24}Na$	1,00	0,68	Al	36×10^{-5}	80 ppm	
3	1,27	6,6 m	$^{29}Si(n, p)^{29}Al$	0,891	13				
4	0,99	44 h	$^{48}Ti(n, p)^{48}Sc$	1,00	8,53	Ti	0,0494	1,11	0,605
5	0,9	78,4 h	$^{90}Zr(n, 2n)^{89}Zr$	0,99	0,82				
6	0,84	9,4 m	$^{27}Al(n, p)^{27}Mg$	0,731	1,16				
			$^{30}Si(n, \alpha)^{27}Mg$						
		2,6 h	$^{56}Fe(n, p)^{56}Mn$	0,9887	2,08	Fe	36×10^{-5}	80 ppm	
		9,2 h	$^{58}Ni(n, p)^{58}Co^{m}$	1,00	1,4	Ni	27×10^{-5}	60 ppm	
7	0,59	4,2 m	$^{90}Zr(n, 2n)^{89}Zr^{m}$	0,8955	1,57	Zr	46×10^{-4}	10^{3} ppm	564
		17,9 d	$^{75}As(n, 2n)^{74}As$	0,602	0,12	As	44×10^{-5}	98 ppm	
8	0,55	44 m	$^{117}Sn(n, p)^{117}In$	0,9972	33,95				
9	0,32	5,8 m	$^{51}V(n, p)^{51}Ti$	0,9349	1,11	V	15×10^{-4}	334 ppm	224
10	0,27	83 m	$^{75}As(n, p)^{75}Ge$	0,111	0,12				
11	0,16	40 m	$^{124}Sn(n, 2n)^{123}Sn^{m}$	0,855	1,225 K	Sn	3,394	75,59	Major
		3,4 d	$^{74}Ti(n, p)^{47}Sc$	0,63	0,81				
12	0,09	8,1 h	$^{181}Ta(n, 2n)^{180}Ta^{m}$	0,05	9,3	Ta	0,003	668 ppm	

*) Emission Spectroscopy, as given by reference [9]
[1]) FNAA could not be used to used to determine the oxygen content.
Estimated error amounts to ±10 %

Tab. 5. The data analysis of irradiated 9,12 g Chromite (powder)

Peak number	Gamma-energy [MeV]	Half-life	Reaction	Gamma-Probability [8]	Corrected gross-yield [Bq]	Element	Quantity [g]	Concentration [%] FNAA*
1	1,8	2,6 h	$^{56}Fe(n, p)^{56}Mn$	0,275				
			$^{55}Mn(n, \gamma)^{56}Mn$					
2	1,78	2,3 m	$^{28}Si(n, p)^{28}Al$	1,00	2,5 K	Si	0,4545	4,98
3	1,43	3,8 m	$^{55}Mn(n, \alpha)^{52}V$	1,00	13	Mn	0,0109	0,12
			$^{52}Cr(n, p)^{52}V$					
4	1,37	15 h	$^{24}Mg(n, p)^{24}Na$	1,00	1,34 K	Mg	0,6005	6,58
			$^{27}Al(n, \alpha)^{24}Na$					
5	1,27	6,6 m	$^{29}Si(n, p)^{29}Al$	0,891	135			
6	0,99	44 h	$^{48}Ti(n, p)^{48}Sc$	1,00	8,16	Ti	0,048	0,53
7	0,9	78,4 h	$^{90}Zr(n, 2n)^{89}Zr$	0,99	0,07	Zr	0,000 54	60 ppm
8	0,84	9,4 m	$^{27}Al(n, p)^{27}Mg$	0,731	900	Al	0,281	3,08
		2,6 h	$^{56}Fe(n, p)^{56}Mn$	0,9887	9,9K	Fe	1,707	18,72
			$^{55}Mn(n, \gamma)^{56}Mn$					
9	0,6	17,9 d	$^{75}As(n, 2n)^{74}As$	0,602	0,2	As	0,000 74	81 ppm
10	0,33	27,7 d	$^{52}Cr(n, 2n)^{51}Cr$	0,1026	265	Cr	3,193	35,01
11	0,27	83 m	$^{75}As(n, p)^{75}Ge$	0,111	0,2			
12	0,16	3,4 d	$^{47}Ti(n, p)^{47}Sc$	0,685	1,34			
13	0,06	42 m	$^{50}Cr(n, 2n)^{49}Cr$	0,51	29			

*) FNAA could not be used to determine the oxygen content.
Estimated error amounts to ±10 %

Tab. 6. a The results of analysis of 5,12 g Galena ore mineral (I) (powder)

Peak number	Gamma-energy [MeV]	Half-life	Reaction	Gamma-probability [8]	Corrected gross-yield [Bq]	Element	Quantity [g]	Concentration [%] FNAA	E.S.*)
1	1.78	2.3 m	^{28}Si(n, p)^{28}Al	1,00	180	Si	0,0327	0,639	
2	1.37	15	^{27}Al(n, α)^{14}Na	1,00	0,9				
3	1.27	6,6 m	^{29}Si(n, p)^{29}Al	0,891	8,2				
		2,6 h	^{34}S(n, α)^{31}Si	0,007	167	S	0,668	13,05	
4	1,03	5,1 m	^{66}Zn(n, p)^{66}Cu	0,081	19,6	Zn	0,048	0,94	
5	0,84	9,4 m	^{27}Al(n, p)^{27}Mg	0,731	1,83	Al	47×10^{-5}	92 ppm	
		2,6 h	^{56}Fe(n, p)^{56}Mn	0,9887	1,5	Fe	26×10^{-5}	50 ppm	
		9,2 h	^{58}Ni(n, p)^{58}Co^{m}	1,00	0,3	Ni	6×10^{-5}	12 ppm	
6	0,6	17,9 d	^{75}As(n, 2n)^{74}As	0,602	0,4	As	0,0015	292 ppm	158 ppm
7	0,56	2,8 d	^{123}Sb(n, 2n)^{122}Sb	0,704	0,94	Sb	0,00128	250 ppm	150 ppm
8	0,51	24 m	^{107}Ag(n, 2n)^{106}Ag	0,17	19,8	Ag	0,00535	0,105	0,09
9	0,45	69 m	^{130}Te(n, 2n)^{129}Te ^{128}Te(n, γ)^{129}Te	0,0095	1,2	Te	8×10^{-4}	156 ppm	250 ppm
10	0,27	83 m	^{75}As(n, p)^{75}Ge	0,111	0,4	As	0,0015	292 ppm	158 ppm
		52 h	^{204}Pb(n, 2n)^{203}Pb	0,811	69	Pb	4,313	84,23	Major
11	0,24	48,6 m	^{112}Cd(n, 2n)^{111}Cd^{m}	0,942	1,07	Cd	78×10^{-5}	153 ppm	85 ppm
12	0,18	9,7 h	^{197}Au(n, 2n)^{196}Au^{m}	0,43	0,09	Au	4×10^{-5}	27 ppm	23 ppm
	0,08	4,2 m	^{123}Sb(n, 2n)^{122}Sb^{m}	0,184	4,6				

*) Emission Spectroscopy, as given by reference [10].
Estimated error amounts to ±10 %

Tab. 6. b The results of analysis of irradiated 6,833 g Galena ore mineral (II) (powder)

Peak number	Gamma-energy [MeV]	Half-life	Reaction	Gamma-Probability [8]	Corrected gross-yield [Bq]	Element	Quantity [g]	Concentration [%] FNAA
1	1,78	2,3 m	^{28}Si(n, p)^{28}Al	1,00	845	Si	0,154	2,25
2	1,37	15 h	^{27}Al(n, α)^{24}Na	1,00	3,35			
3	1,34	12,8 h	^{65}Cu(n, 2n)^{64}Cu	0,0062	9,2	Cu	0,0046	673 ppm
4	1,27	6,6 m	^{29}Si(n, p)^{29}Al	0,891	38,3			
		2,6 h	^{34}S(n, α)^{31}Si	0,0007	216	S	0,864	12,644
5	1,03	5,1 m	^{66}Zn(n, p)^{66}Cu ^{65}Cu(n, γ)^{66}Cu	0,081	7,8	Zn	0,0195	0,286
6	0,84	9,4 m	^{27}Al(n, p)^{27}Mg	0,731	7,15	Al	0,00176	258 ppm
		2,6 h	^{56}Fe(n, p)^{56}Mn	0,9887	5,8	Fe	0,001	146 ppm
		9,2 h	^{58}Ni(n, p)^{58}Co^{m}	1,00	0,73	Ni	0,00014	20 ppm
7	0,6	17,9 d	^{75}As(n, 2n)^{74}As	0,602	0,4			
8	0,56	2,8 d	^{123}Sb(n, 2n)^{122}Sb	0,704	0,4	Sb	0,00055	80 ppm
9	0,51	24 m	^{107}Ag(n, 2n)^{106}Ag	0,17	16,65	Ag	0,0045	659 ppm
10	0,45	69 m	^{130}Te(n, 2n)^{129}Te ^{128}Te(n, γ)^{129}Te	0,0095	4,3	Te	0,00287	420 ppm
11	0,27	83 m	^{75}As(n, p)^{75}Ge	0,111	0,4	As	0,0015	220 ppm
		52 h	^{204}Pb(n, 2n)^{203}Pb	0,811	89,3	Pb	5,581	81,68
12	0,24	48,6 m	^{112}Cd(n, 2n)^{111}Cd^{m}	0,942	1,5	Cd	0,0011	161 ppm
13	0,18	9,7 h	^{197}Au(n, 2n)^{196}Au^{m}	0,43	0,06	Au	0,0001	15 ppm
14	0,08	4,2 m	^{123}Sb(n, 2n)^{122}Sb^{m}	0,184	1,98			

Tab. 7. a The results of analysis of 5,123 g Pyrite ore mineral (I) (powder)

Peak number	Gamma-energy [MeV]	Half-life	Reaction	Gamma-Probability [8]	Corrected gross-yield [Bq]	Element	Quantity [g]	Concentration [%] FNAA	E.S.*)
1	1,8	2,6 h	^{56}Fe(n, p)^{56}Mn	0,275					
2	1,78	2 … 3 m	^{28}Si(n, p)^{28}Al	1,00	925	Si	0,1681	3,281	
3	1,37	15 h	^{27}Al(n, α)^{24}Na	1,00	0,57	Al	0,0003	58 ppm	
4	1,27	6,6 m	^{29}Si(n, p)^{29}Al	0,891	42				
		2,6 h	^{34}S(n, α)^{31}Si	0,0007	635	S	2,543	49,64	
5	0,84	9,4 m	^{27}Al(n, p)^{27}Mg	0,731	2,64				
		2,6 h	^{56}Fe(n, p)^{56}Mn	0,9887	12,8 K	Fe	2,207	43,08	
6	0,6	17,9 d	^{75}As(n, 2n)^{74}As	0,602	0,63	As	0,00236	460 ppm	260 ppm
7	0,56	2,8 d	^{123}Sb(n, 2n)^{122}Sb	0,704	0,34				
8	0,27	83 m	^{75}As(n, p)^{75}Ge	0,111	0,63				
9	0,24	48,6 m	^{112}Cd(n, 2n)^{111}Cd^{m}	0,942	0,12	Cd	87×10^{-6}	17 ppm	10 ppm
10	0,18	9,7 h	^{197}Au(n, 2n)^{196}Au^{m}	0,43	0,06	Au	$1,06 \times 10^{-4}$	21 ppm	19 ppm
11	0,08	4,2 m	^{123}Sb(n, 2n)^{122}Sb^{m}	0,184	1,65	Sb	0,0046	90 ppm	< 60 ppm

*) Emission Spectroscopy, as given by reference [10].
Estimated error amounts to ±10 %

Tab. 7. b Data analysis of irradiated 6,423 g Pyrite ore mineral (II) (powder)

Peak number	Gamma-energy [MeV]	Half-life	Reaction	Gamma-Probability [8]	Corrected gross-yield [Bq]	Element	Quantity [g]	Concentration [%] (FNAA)
1	1,8	2,6 h	$^{56}Fe(n, p)^{56}Mn$	0,275	400			
2	1,78	2,3 m	$^{28}Si(n, p)^{28}Al$	1,00	1,75 K	Si	0,318	4,951
3	1,37	15 h	$^{27}Al(n, \alpha)^{24}Na$	1,00	1,02	Al	0,000 54	84 ppm
4	1,27	6,6 m	$^{29}Si(n, p)^{29}Al$	0,891	78,8			
		2,6 h	$^{34}S(n, \alpha)^{31}Si$	0,0007	766	S	3,064	47,70
5	0,84	9,4 m	$^{27}Al(n, p)^{27}Mg$					
				0,731	4,35			
			$^{30}Si(n, \alpha)^{27}Mg$					
		2,6 h	$^{56}Fe(n, p)^{56}Mn$	0,9887	15,5 K	Fe	2,67	41,57
6	0,6	17,9 d	$^{75}As(n, 2n)^{74}As$	0,602	0,85	As	0,0031	483 ppm
7	0,56	2,8 d	$^{123}Sb(n, 2n)^{122}Sb$	0,704	0,4			
8	0,27	83 m	$^{75}As(n, p)^{75}Ge$	0,111	0,85			
9	0,24	48,6 m	$^{112}Cd(n, 2n)^{111}Cd^{m}$	0,94	0,19	Cd	0,000 14	22 ppm
10	0,18	9,7 h	$^{197}Au(n, 2n)^{196}Au^{m}$	0,43	0,08	Au	0,000 14	22 ppm
11	0,08	4,2 m	$^{122}Sb(n, 2n)^{122}Sb^{m}$	0,184	1,95	Sb	0,000 54	84 ppm

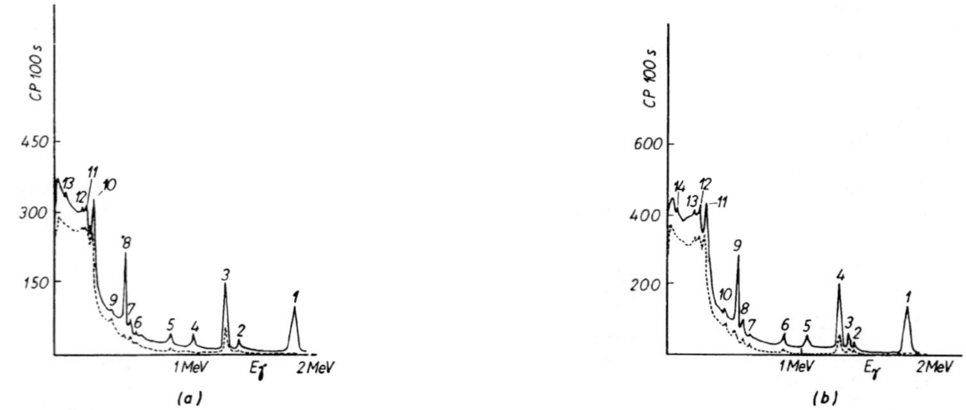

Fig. 6. The detectable γ-lines from activated galena I (a) and galena II (b)
——— γ-spectrum after 1,0 m and – – – γ-spectrum after 1 h from the end of irradiation
(The numbering of the peaks 6(a) is according to Tab. 6a and that of 6(b) according to Tab. 6b)

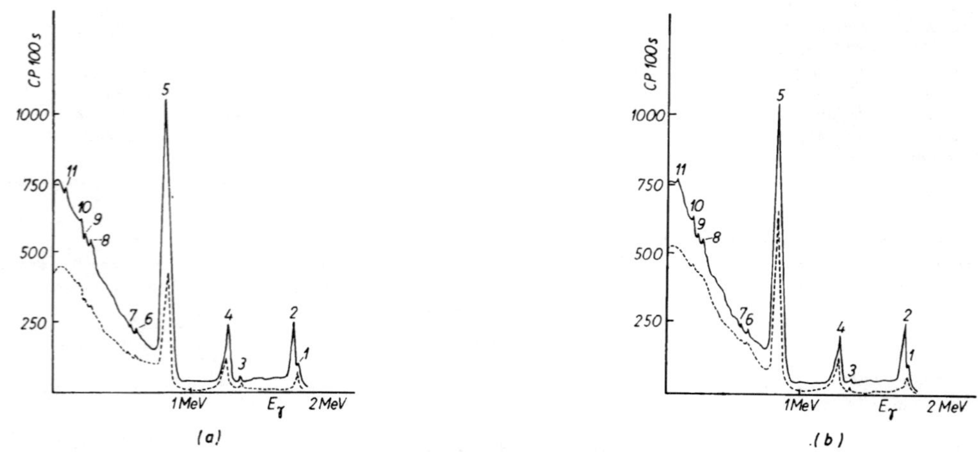

Fig. 7. The detectable γ-lines from activated pyrite I (a) and pyrite II (b)
——— γ-spectrum after 1,8 m and – – – γ-spectrum after 1 h from the end of irradiation
(The numbering of the peaks 7(a) is according to Tab. 7a and that of 7(b) according to Tab. 7b)

6. Conclusion

Fast Neutron Activation Analysis (FNAA) as a non-destructive technique to estimate major and minor constituents of a sample with appreciable accuracy appeared as a competitive method with other conventional ones. Through this technique it was possible to identify elements below the detection limits of these methods.

On the other hand, there are some elements which could not be identified due to:

a) Very small reactions cross sections.
b) Very long half lives or very short half lives radioproducts.
c) Threshold energy of the reaction higher than 15 MeV.

This work has been carried out in Prof. Selim's Laboratory, Faculty of Science, Alexandria University

Received August 6, 1985

References

[1] *M. M. Ahmed*, "The Determination of Trace Elements (Al, Mg, Fe, Zn) In Egyptian Hair And Finger Nails By Emission Spectroscopy". M. Sc. Thesis, Institute of Medical Research, Alexandria University 1983
[2] *R. E. Stoner, W. Dasler*, Clin. Chem. **10** (1964) 845
[3] *G. F. Riedlander, J. W. Kennedy, J. M. Millier*, Nuclear and Radiochemistry, 2nd, ed., New York: John Wiley & Sons, Inc. 1964
[4] *W. A. Abou Taleb*, "Interaction of Fast Neutrons with Matter". Ph.D. Thesis, Faculty of Science, Alexandria University 1982
[5] *B. M. Moharram*, "Trace Elements In Ores By Neutrons Activation Technique". Ph.D. Thesis, Faculty of Science, Alexandria University 1984
[6] *B. M. Moharram*, "Activation Analysis of Some Prepared Thin Films" M.Sc. Thesis, Faculty of Science, Alexandria University 1979
[7] *M. De. Bruin*, "Instrumental Neutron Activation Analysis. A Routine Method", Reactor Department Delft University, Holland 1983
[8] *E. Brown, J. M. Dairiki, R. E. Doebler*, "Table of Isotopes", New York Wiley InterScience, 1978:
[9] *M. A. Hassanen*, "Mineralization at Homr Akarem Area Eastern Desert, Egypt" M.Sc. Thesis, Faculty of Science, Alexandria University 1977
[10] *A. M. Bouseily, M. A. El-Dahar, A. I. Arslan*, "Mineralographic and Geochemical Characteristics of Gold-bearing Sulphide Minerals, 3rd Symposium on Precembrian and Development, NIDOC, Cairo, (Abstract P. 3 – 4), 1984

Isotopenpraxis 22 (1986) 7, S. 245 bis 247

Experiences and results of radiometric ash content measurement at the Nochten lignite open-cut mine*)

M. Rudolph, H. Schäfer, M. Grüneberg

(VE BKK Senftenberg – Stammbetrieb) ¹)

Two years ago a radiometric ash content measuring facility at the filling station of the Nochten open-cut mine were handed over to the user after having been tested successfully. The design of the facility comprising the coal sampling, crashing and feeding units, the measuring belt, and the radiometric scatter transmission equipment is described. Measuring and operating are given showing a high benefit for the user.

Vor zwei Jahren wurde die radiometrische Aschemessung im Tagebau Nochten nach erfolgreichem Probelauf an den Nutzer übergeben. Es werden der Aufbau der Nebenbandanlage, die Vorwärtsstreu-Meßgeometrie sowie Meß- und Betriebsergebnisse beschrieben. Die Anlage ist für den Anwender von großem Nutzen.

Keywords

americium 241; ashes; coal; control ash content; forward scattering industry; industrial control; measuring methods; raw brown coal

In September 1980 the Nochten open-cut mine obtained and put into operation a system for continuously measuring the ash content in the bypass.

This system was designed and constructed by Institut für Braunkohlenbergbau (Fig. 1, 2).

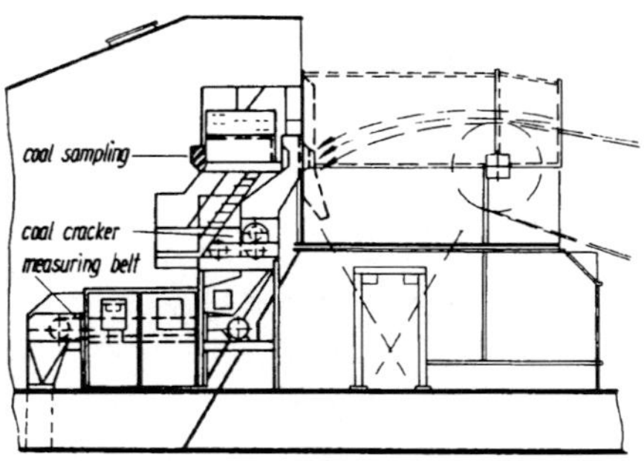

Fig. 1. General drawing of the radiometric ash measurement in the Nochten open-cut mine

Fig. 2. Loading station in the Nochten open-cut mine with the radiometric ash measurement system

¹) Address: DDR-7803 Brieske, Bereich 11.5

*) Presented at the 2nd Working Meeting "Radioisotope Application and Radiation Processing in Industry", 28th September to 1st October 1982, Leipzig

Experiments made in 1977 with a 60-keV-gamma-ray transmission of different collimation had already shown the 60-keV-gamma-ray forward scattering according to

Fig. 3. Sampling from the baffle wall of the coal loading station

Fig. 4. Two-step roll crusher

Tab. 1. Some basic parameters of the system [1] are

Main stream	
Conveyor belt speed	5·8 m/s
Conveying rate	max. 6000 t/h
Grain size	0 to 300 mm
Bypass	
Sampling	hydraulic with cyclic control from baffle wall (Fig. 3)
Sampling rate	approx. 5 t/h
Sample grain size	0 to max. 150 mm
Grinding	2-step roll crusher (Fig. 4)
Original grain size	0 to 40 mm
Measuring belt parameter	flat-belt conveyor 650 mm wide belt speed 32 mm/s packed height 200 mm belt troughing 35° packed height regulation by sampling control
Radiometric measuring equipment	60-keV-gamma-ray forward scattering (Fig. 7) source ^{241}Am ($1{\cdot}1 \cdot 10^{10}$ Bq) radiator 74012, MKD Dresden [2] electronic process analyzer 24006, MKD Dresden [2]

Rudanowskij [3] to be a process best suitable for raw brown coal [4].

Some results from these test series are given below for comparison as measured on raw coal from the Nochten open-cut mine.

Fig. 5. Control cabinet for sampling and processing

Fig. 6. Measuring point in the bypass with belt conveyor, radiator and detector

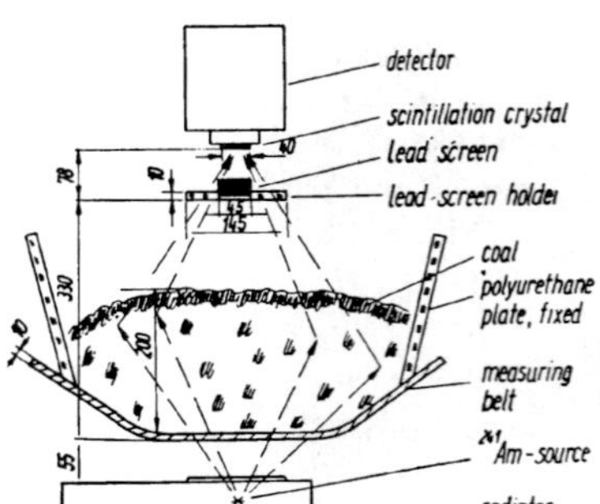

Fig. 7. 60-keV-gamma-ray forward scatter measuring geometry in the Nochten open-cut mine

	60-keV-gamma-ray transmission, 10 mm collimation	60-keV-gamma-ray forward scattering
Sensitivity at $A^d = 10\%$	1·9 % ZR/1 % A^d	1·3 % ZR/1 % A^d
Correlation coefficient	−0·77	−0·91
Measuring error (RMS-error)	±3·4 % A^d	±2·2 % A^d

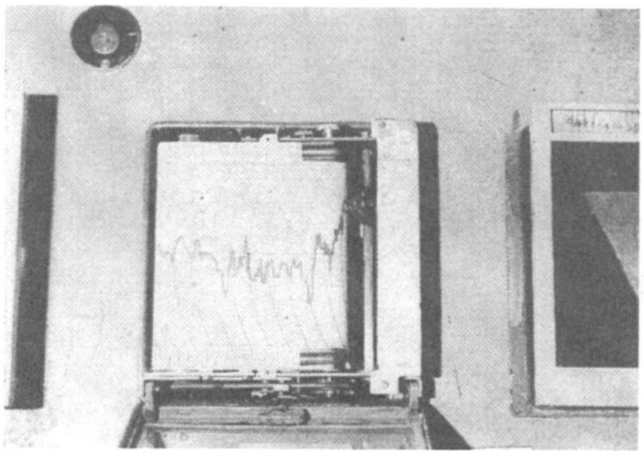

Fig. 8. Recording instrument in control room

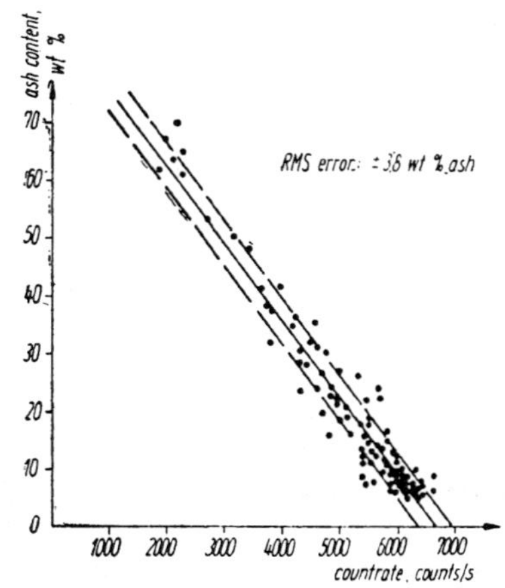

Fig. 9. Calibration line of the Nochten radiometric ash measurement system, February 1979

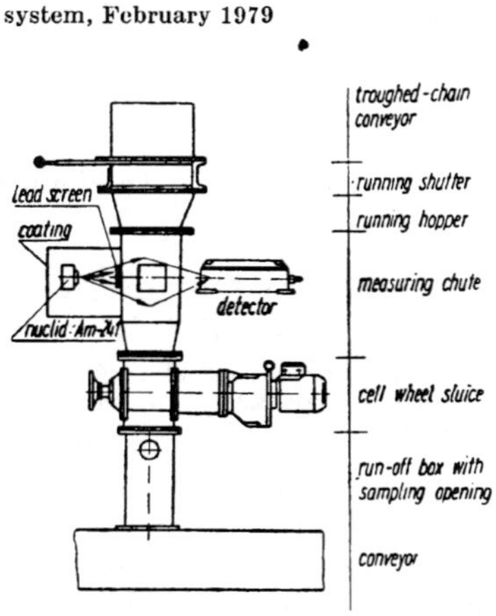

Fig. 10. Measuring point for the ash measurement of dry coal in briquetting factories

The 60-keV-gamma-ray forward scattering adopted in 1977 is still used in Nochten today.

Moreover, the 60-keV-gamma-ray forward scattering was used at six industrial measuring points for measuring the ash content of dry coal in briquetting factories. The direct radiation screen was positioned in front of the source [5], [6] Fig. 10.

The first calibration of the industrial plant at theNochten open-cut mine yielded the following results [1] (Fig. 9) of 111 samples with a 4·8 to 69·4% A_d ash range.

Correlation coefficient	$r = -0{\cdot}97$
RMS-error (referred to as measuring error)	$S = \pm 3{\cdot}84\%\ A^d$

The samples were measured with the measuring belt at a stop while comparative ash determination was made in the laboratory according to TGL 9493.

In spite of the high measuring error the chart yields valuable information (Fig. 8). The ash content behaviour can be clearly defined. Coals with an ash content below 9% A^d (inherent ash of coal) show low ranges of variation. Higher ash contents (foreign ashes, secondary ashes) occur as peaks and mostly in sheaves.

Similar phenomena as in Nochten were also observed in Czechoslovakia by *Hodek* and *Hochmann* [7].

Great efforts were made by our institute and the user in the time after for the stabilization of the mechanical parts of the system. During the three months of industrial experiments operation (May 20 to August 22, 1980) an availability of 78% was reached [8]. During the test period the number of incorrectly loaded or distributed coal trains was reduced by approx. 50% [8]. After further improvements in the mechanical section the ash measuring plant has been running stable for a longer time and is used industrially.

The process analyzer 24006 from VEB robotron-Meßelektronik has been working reliably and without considerable disturbances since the time of putting into operation.

The forward scatter variant chosen in 1977/78 has proved successful at the Nochten open-cut mine. Tests made in cooperation with the Central Institute for Isotopes and Radiation Research in 1981 did not result in any significant improvements [9].

The radiometric ash measurement is used industrially in the Nochten open-cut mine for assessment of the quality of the coal produced and results in a great profit for the mine [10].

Received September 27, 1985

References

[1] *W. Senftleben* et al., IBK Großräschen, 1979, unpublished report
[2] Process analyzer 24006, radiator 74012; technicaldocuments of VEB robotron-Meßelektronik "Otto Schön" Dresden, GDR
[3] *A. A. Rudanovskij* et al., Rapid analyzer for the ash content of coal; Ugol, Moscow 12 (1973) 45
[4] *M. Rudolph*, IBK Großräschen, 1978, unpbulished report
[5] *W. Föhlisch, H. Schäfer* et al., Unpublished reports on work by IBK Großräschen in 6 briquetting factories from August 30, 1978 to March 30, 1979
[6] *W. Föhlisch, H. Schäfer* et al., IBK Großräschen, 1980, unpublished working material
[7] *D. Hodek, F. Hochmann*, Uhli, Prague 26 (1978) 389
[8] *U. Hoeft* et al., IBK Großräschen, 1980, unpublished report
[9] *D. Fritzsche* et al., Annual report 1981 of the ZfI, unpublished working material of the ZfI Leipzig and BKK Senftenberg
[10] *M. Lützner*, Diploma work, Bergakademie Freiberg, 1981

Isotopenpraxis 22 (1986) 7, S. 248 bis 251

Untersuchung der Erstarrungsvorgänge beim kontinuierlichen Kupfer-Strangguß

R. Rachlitz, J. Holzhey, H. Bohmeier, H. Gärtner

(VEB Mansfeld-Kombinat „Wilhelm Pieck", Forschungsinstitut für NE-Metalle)[1]

Im Prozeß der kontinuierlichen Herstellung von Cu-Gießwalzdraht treten nach der Erstarrung unerwünschte Warmrisse im Gießstrang auf.
Die durchgeführten autoradiographischen und metallographischen Untersuchungen dienten
a) der Feststellung der Lage und Morphologie der Phasengrenze flüssig-fest im Gießstrang
b) der Analyse der Schwefelverteilung sowohl in makroskopischen als auch in mikroskopischen Bereichen in Verbindung mit dem Erstarrungsmechanismus und
c) der Ermittlung der Ursachen für das Auftreten von Warmrissen.
Die Markierung erfolgte mit ^{198}*Au und* ^{35}*S.*
Die Grenzflächenmorphologie konnte mit hinreichender Genauigkeit bestimmt werden.
Die ^{35}*S-Autoradiogramme trugen wesentlich zur Klärung des Erstarrungsmechanismus, als zellular bzw. zellular-dendritisch, entsprechend der konstitutionellen Unterkühlung, bei.*

In continuous copper casting after solidification unwished hot cracks exist.
The radioactive-tracer-method including autoradiographical and metallographical studies were used to determine
a) the depth of the liquid zone and of the interface liquid-solid in the cast material
b) the distribution of sulphur in macro- and microstructure in connection with the solidification mechanism and
c) the causes of hot-cracks forming.
The labellings were carried out with the isotopes ^{198}*Au and* ^{35}*S. The morphology of the solidification front was determined with sufficient accuracy.*
The ^{35}*S-autoradiographs essentially helped in characterizing the solidification mechanism to be a cellular respectively a cellulardendritic one corresponding the constitutional supercooling.*

Keywords

autoradiographs; continuous casting; copper; cracks; distribution; gold 198; industry; interface; solidification; sulphur 35; tracer techniques

1. Einführung

Heute gibt es eine Reihe von Drahtgießwalzanlagen (DGW-Anlagen), die sich in der Industrie bewährt haben und eine Reihe von Vorteilen gegenüber herkömmlichen Verfahren (Wirkungsgrad, Bundgewichte, Kontinuität, Qualität) aufweisen [1].

Sie bestehen im wesentlichen aus folgenden Elementen: Schmelzaggregat, Warmhalteofen, Gießmaschine, Walzwerk, Oberflächenbehandlungsstrecke und Haspeleinrichtung.

Mit der DGW-Anlage der Kupfer-Silber-Hütte Hettstedt wird aus Katodenkupfer in einem kontinuierlichen Prozeß 8 mm Kupferdraht hergestellt, der dann je nach Sortiment zu Feinstdraht gezogen wird. Um die festgelegten Spulenfüllgewichte, die ein technologisches Hauptkriterium beim Ziehprozeß sind, in allen Stufen einzuhalten, ist es notwendig, eine möglichst gleichmäßige Walzdrahtqualität zu gewährleisten. Eine Voraussetzung dafür ist ein stabiler, homogener Gießstrangzustand mit einem Minimum an Oberflächen- und Volumendefekten (Warmrisse, Lunker, Seigerungen etc.).

Hauptsächlich ging es bei den durchgeführten Untersuchungen darum, den Ist-Stand, d. h. die kokillenseitig auftretenden Warmrisse zu analysieren, da durch sie Strangbrüche und kostspielige Stillstandszeiten sowie Probleme bei der Weiterverarbeitbarkeit induziert werden können. Es war notwendig, darüber hinaus den Erkenntnisumfang über die Erstarrungsprozesse zu erweitern, um über folgende Punkte Aussagen machen zu können:

a) Morphologie und Lage der Phasengrenze im Gießstrang während der Erstarrung
b) Analyse der Schwefelverteilung im Gußzustand — sowohl in makroskopischen als auch in mikroskopischen Bereichen — in Verbindung mit dem Erstarrungsmechanismus.

Schwefel wurde in vorhergehenden Untersuchungen [2] als warmrißbegünstigender Faktor ermittelt.

2. Versuchsdurchführung

Die Nuklidauswahl ergibt sich, was den Schwefel betrifft, unmittelbar aus der Aufgabenstellung. Für Verteilungsuntersuchungen gibt es bei S-Gehalten von 10 bis 30 ppm neben der Autoradiographie praktisch keine Alternativmethode, um relevante Informationen zu erhalten. Zur Gießsumpfuntersuchung wurde auf das vielfach bewährte Isotop ^{198}Au zurückgegriffen.

Bei den Vorversuchen wurde je eine Markierung mit ^{35}S und ^{198}Au vorgenommen. Die Zugabe der markierten

[1]) Anschrift: DDR-9200 Freiberg, Lessingstraße 41

Tab. 1. Technologische Parameter und radiometrische Daten der Vorversuche

	v_G [m/min]	ϑ_G [°C]	S-Gehalt [ppm]	Aktivität [MBq]	Masse [mg]	spezif. Aktivität [MBq/kg]
^{198}Au	8 10,5 t/h	1150	22 ... 28	925	200 ≙ 10 ppm	40
^{35}S	9 12,2 t/h	1150	22 ... 28	925	160 ≙ 8 ppm	40

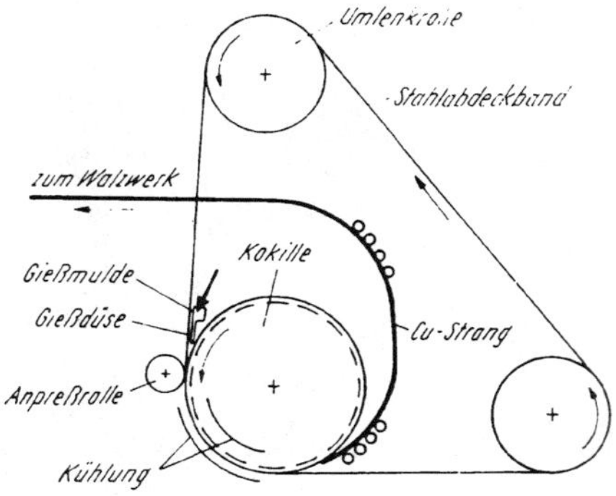

Abb. 1. Schematische Darstellung der Gießanlage

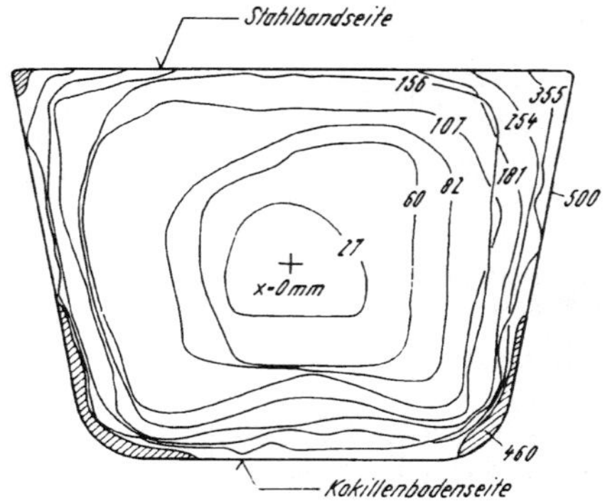

Abb. 2. Lage der Phasengrenzlinien in Abhängigkeit von der Sumpftiefe

Vorlegierungen erfolgte mittels Lanze im Gießmuldenkopf unmitelbar vor der Gießdüse (Abb. 1).

Tab. 1 enthält die technologischen Parameter (v_G = Gießgeschwindigkeit, ϑ_G = Gießtemperatur) und die radiometrischen Daten.

Die Erfassung der markierten Strangteile erfolgte visuell bzw. meßtechnisch. Durch die niedrige Strahlungsenergie und den oberflächlichen Schwefelabbrand traten bei der Lokalisierung des ^{35}S im Strang Probleme auf.

Die zu autoradiographierenden Flächen der ^{198}Au-markierten Strangabschnitte wurden vor der Exposition lediglich überfräst und gereinigt. Die mit ^{35}S-markierten Proben wurden darüber hinaus geschliffen und poliert.

Zur Untermauerung der in den Vorversuchen erhaltenen Ergebnisse wurden zusätzlich vier weitere Markierungen mit ^{198}Au zur Bestimmung des Einflusses unterschiedlicher technologischer Parameter auf die Gießsumpfform und Laboruntersuchungen zur Schwefelverteilung durchgeführt.

Die Expositionen erfolgten wegen der aus strahlenschutztechnischen Gründen geringen spezifischen Aktivität ausschließlich auf ORWO-Röntgenfilm TF-13. Die Expositionszeiten lagen für ^{198}Au im Bereich von etwa 10 Stunden. Für die ^{35}S-Autoradiogramme mußten die Filme 15 bis 25 Tage belichtet werden.

3. Auswertung und Ergebnisse

3.1. ^{198}*Au-Gießsumpfmarkierung*

In Abb. 2 sind die an Hand der autoradiographierten Querschnitte in Abhängigkeit von der Sumpftiefe erhaltenen Phasengrenzlinien dargestellt. Dabei ist x die Gießsumpflänge, wobei für die Sumpfspitze $x = 0$ definiert ist. Der Erstarrungsvorgang läßt sich dementsprechend wie folgt beschreiben: Bei $x \approx 500$ mm beginnt die Erstarrung an den Ecken des Gießstranges. Im weiteren bildet sich über den gesamten Bereich der Kokille eine Erstarrungsschale aus, während stahlbandseitig noch vollständig flüssige Phase vorliegt. Dieser Zustand ist von $x \approx 500 \dots 200$ mm annähernd konstant. Lediglich in der Mitte des Kokillenbodens macht die Erstarrung merkliche Fortschritte. Daran schließt sich der Bereich der Sumpfspitze zwischen $x \approx 200 \dots 0$ mm an. Die Überschneidungen der Phasengrenzlinien in Abb. 2 sprechen für einen dynamischen Erstarrungsprozeß, bei dem die Phasengrenze nicht als träge Fläche zu betrachten ist, sondern ständigen Veränderungen unterliegt. Die tatsächliche Bewegungsgeschwindigkeit der Kristallisationsfront senkrecht zur Phasengrenzfläche läßt sich aus der autoradiographisch ermittelten Gießsumpfgeometrie bei Kenntnis der Gießgeschwindigkeit berechnen und beträgt $\approx 2{,}2$ cm/s im Bereich der Sumpfspitze und $\approx 0{,}19$ cm/s im Schalenbereich. Die Ursache für die beschriebene Grenzflächenmorphologie dürfte im wesentlichen in der intensiveren Kühlung und dem besseren Wärmeleitvermögen der Kupfer-Kokille zu suchen sein. In Schnittebenen parallel zum Stahlabdeckband liegen symmetrische Verhältnisse vor. Die starken Asymmetrien bezüglich der Ausbildung der Phasengrenze im Strang zwischen Stahlband und Kokille können thermische Spannungen, insbesondere an der kokillenseitigen Strangoberfläche, begünstigen, durch die unter bestimmten Bedingungen (Klemmungen des Stranges in der Kokille, Werkstoffinhomogenitäten) Warmrisse hervorgerufen werden.

Die Ergebnisse aller ^{198}Au-Markierungen sind in Tab. 2 und Abb. 3 enthalten, wobei technologische Parameter, Gießsumpfformen und Warmrißhäufigkeiten gegenübergestellt sind. Die Gießsumpflängsschnitte in Abb. 3 wurden an Hand einer Vielzahl von Autoradiogrammen des Strangquerschnittes ermittelt. Wie Tab. 2 zu entnehmen ist,

Tab. 2. Gegenüberstellung technologischer Parameter und relevanter Gießstrangkennwerte

	Variante 0 (Vorversuch)	Var. 1	Var. 2	Var. 3	Var. 4
Gießtemp. ϑ_G [°C]	1150	1160	1180	1200	1210
Gießgeschw. v_G [m/min]	8,0	9,3	7,5	7,5	9,3
Sektorstellung	1	1	1	2	2
Rißzahl je 10 m	–	27	10	9	22

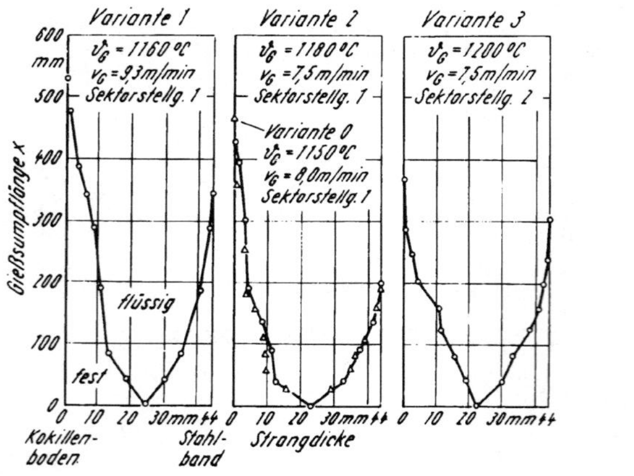

Abb. 3. Gießsumpfform im strangmittigen Schnitt zwischen Stahlband und Kokillenboden

wurden Gießgeschwindigkeiten und Kühlbedingungen (mittels Kühlsektorstellung) variiert.

Sektorstellung 1 bedeutet, daß normale Betriebsbedingungen, mit denen gegenwärtig gearbeitet wird, vorliegen, während bei Sektorstellung 2 eine Verschiebung von etwa 20° in Gießrichtung eingestellt wurde, um den oben beschriebenen Asymmetrien entgegenzuwirken. Erschwerend für eine umfassende und zielsichere Interpretation der Gießsumpfabbildungen in Relation zur Warmrißhäufigkeit wirkt sich die tendenziell zunehmende Gießtemperatur und die „Nichtauswertbarkeit" von Variante 4 aus. Die Versuchsplanung ging davon aus, daß entsprechend den Ergebnissen der Vorversuche die Gießparameter v_G, ϑ_G und die Sektorstellung über die Gießsumpfausbildung einen entscheidenden Einfluß auf die Warmrißanfälligkeit haben. Daß die durch Autoradiographie ermittelten Verhältnisse nicht so klare Aussagen ermöglichen, aber trotzdem wichtige Erkenntnisse vermitteln, soll im folgenden verdeutlicht werden.

Die Arbeitshypothese, daß asymmetrische Erstarrungsverhältnisse zwischen Stahlband und Kokille eine hohe Warmrißhäufigkeit bewirken, ist in der Form nicht haltbar. Das wird beim Vergleich der Varianten 1 und 2 (Abb. 3) deutlich. Obwohl in beiden Fällen eine prinzipiell ähnliche Grenzflächenmorphologie vorliegt, unterscheiden sich die Warmrißhäufigkeiten sehr stark. Ein insgesamt kurzer Gießsumpf, der von vornherein dünne Erstarrungsschalen ausschließt, günstige Speisungsverhältnisse schafft und thermische Spannungen in ihrer Wirkung einschränkt, ist durch eine niedrige Gießgeschwindigkeit (das entspricht hoher Erstarrungsgeschwindigkeit) sowie minimale Überhitzung erreichbar und wirkt sich offensichtlich positiv auf die Warmrißanfälligkeit aus.

Das stimmt gut mit theoretisch ableitbaren optimalen Gießparametern überein. Inwiefern signifikante Unterschiede zwischen den Varianten 2 und 3 bestehen und welchen quantitativen Einfluß die Kühlsektorstellung auf die Gießsumpfausbildung und Warmrißhäufigkeit hat, kann an Hand der vorliegenden Ergebnisse nicht eindeutig gesagt werden. In jedem Fall (Variante 1 und 4) wirkt sich eine hohe Gießgeschwindigkeit, auch bei Variation der Kühlsektorstellung (Variante 3 und 4), negativ auf die Warmrißhäufigkeit aus. Die Warmrißneigung ist damit primär durch die Gießgeschwindigkeit und sekundär durch die Gießtemperatur und Kühlsektorstellung bei konstanter Katodenqualität beeinflußbar.

3.2. *Markierung mit ^{35}S*

Die Ausbildung des Makrogefüges und der ^{35}S-Verteilung über den Strangquerschnitt zeigen die Abb. 4 und 5. Die Schwefelverteilung steht dabei in ursächlichem Zusammenhang mit der Kornwachstumsrichtung bzw. dem Wärmefluß. Die nach außenhin scheinbar zunehmende ^{35}S-Konzentration (Abb. 4) hat methodische Ursachen, die in der Art der Markierung liegen.

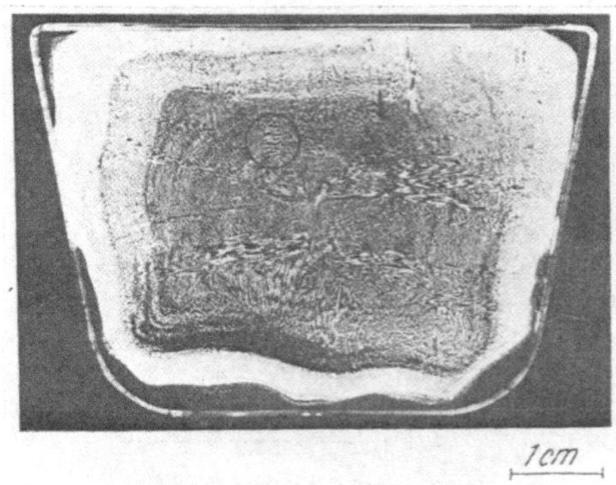

Abb. 4. ^{35}S-Verteilung über den Strangquerschnitt

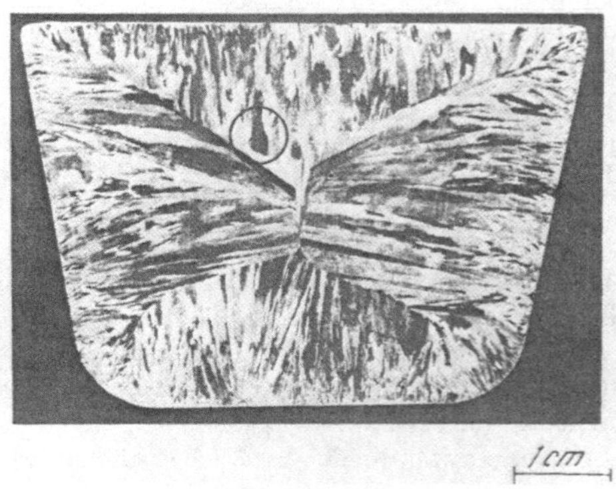

Abb. 5. Makrogefüges des Strangquerschnittes (entspricht der autoradiographierten Ebene in Abb. 4)

Abb. 6. ^{35}S-Verteilung im mittleren Strangbereich; ^{35}S-freie primäre Cu-Dendriten in einer zellularen Matrix

Es liegt keine Schwefelanreicherung an den Korngrenzen vor.

Abb. 6 zeigt, daß in den mittleren Strangbereichen primäre, praktisch schwefelfreie Cu-Dendriten vorliegen. Die Grenzen zwischen einzelnen, in sich scheinbar gleich strukturierten Bereichen sind den Korngrenzen zuordenbar. Dieser Zustand ist dadurch zu beschreiben, daß gleiche bzw. ähnliche geometrische Strukturen lediglich unter verschiedenen Winkeln angeschnitten sind.

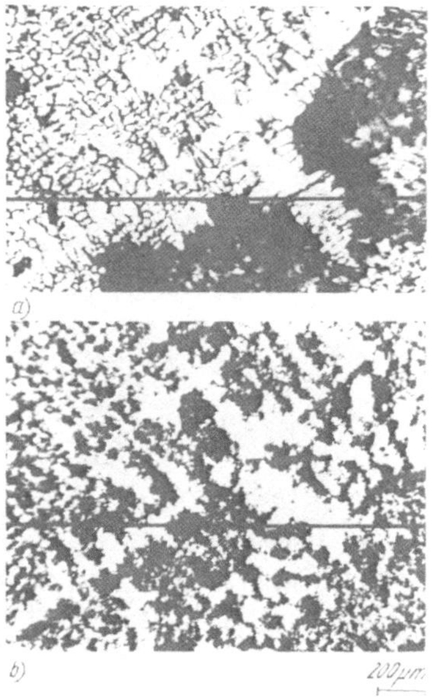

Abb. 7. Gefüge (a) und Autoradiogramm (b) eines primären Cu-Dendriten innerhalb der zellularen Matrix

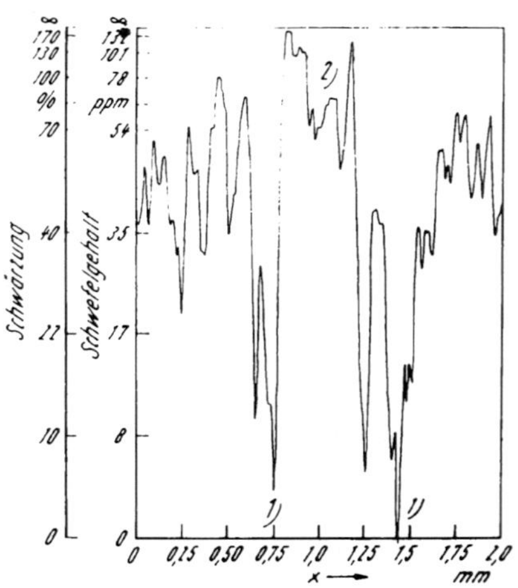

Abb. 8. Schwärzung und Schwefelgehalt längs der in Abb. 7 gekennzeichneten Photometerstrecke

1 – Dendritenast; 2 – interdendritischer Raum

Bei höheren Vergrößerungen (Abb. 7) wird deutlich, daß die Schwefelverteilung eindeutig mit der Substruktur, d. h. den sich innerhalb der Kristallite ausbildenden Zellen, korreliert. Eine sehr gute Interpretation der erhaltenen Autoradiogramme (Abb. 6, 7) bzw. des Erstarrungsmechanismus insgesamt ist mit Hilfe des Modells der einphasigen Legierung möglich. Danach ist die Konzentrationsanreicherung von gelösten Fremdatomen (z.B. Schwefel oder anderen Verunreinigungen) vor der Phasengrenze und die damit verbundene konstitutionelle Unterkühlung verantwortlich für die zellulare bzw. zellulardendritische Struktur des sich ausbildenden Gefüges.

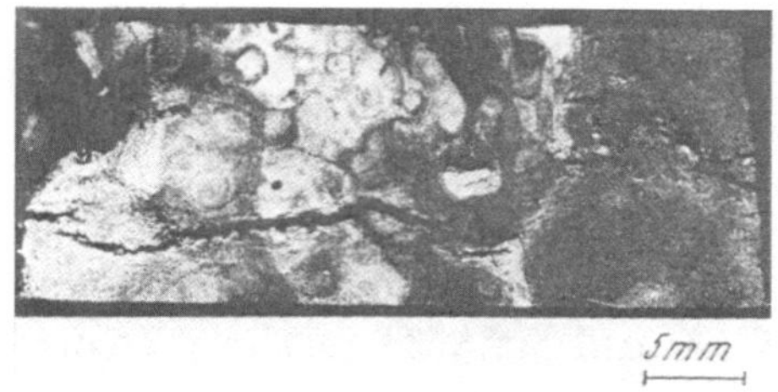

Abb. 9. ^{35}S-Autoradiogramm, netzförmige Schwefelanreicherungen im Bereich eines Warmrisses (Flachschliff)

Dabei liegt der Schwefel nach der Erstarrung an den Zellgrenzen bzw. in den interdendritischen Räumen in hoher Konzentration vor. Das zeigen die Abb. 7 und 8. Die Anreicherung kann ein Mehrfaches des durchschnittlichen Schwefelgehaltes betragen. Solche Gebiete sind bei mechanischer Beanspruchung, wie sie bei hohen Temperaturen durch thermische oder Schrumpfspannungen auftreten, besonders gefährdet. Abb. 9 zeigt netzförmige ^{35}S-Anreicherungen um einen Warmriß, was die obige These untermauert.

4. Zusammenfassung

Der Komplex Schwefelinhomogenitäten, asymmetrische Erstarrungsverhältnisse, thermische und Schrumpfspannungen begünstigt die Warmrißneigung.

Es liegt zellulare bzw. zellular-dendritische Erstarrung vor, die sehr gut mit den Modellen der einphasigen Legierung bzw. der konstitutionellen Unterkühlung beschreibbar ist.

Insgesamt hat die Gießsumpfform nicht den vermutet starken Einfluß auf die Warmrißhäufigkeit, d. h. eine asymmetrische Grenzflächenmorphologie ist kein hinreichendes Kriterium für eine hohe Warmrißhäufigkeit. Die im Labormaßstab durchgeführten Untersuchungen zur Schwefelverteilung, welche nicht Gegenstand dieses Beitrages waren, bestätigten die in den beschriebenen Versuchen erhaltenen Ergebnisse bezüglich des Erstarrungsmechanismus.

Eingegangen am 20. 9. 1985

Literatur

[1] *H. Kultscher, W. Langbein*, Gewinnung und Verarbeitung von NE Metallwerkstoffen. Metallinformation **11** (1975) 3

[2] *H. Bohmeier, H. Gärtner, W. Langbein, F. Leistner*, TM des VEB Mansfeld-Kombinat „Wilhelm Pieck" **5** (1981) 5

Isotopenpraxis 22 (1986) 7, S. 252 bis 255

Background analysis and comparison of two solid food markers (DTPA and HSAM) in the measurement of human gastric emptying

K. Jonderko *)

(Department of Gastroenterology, Silesian School of Medicine) [1])

K. Rudzki, D. Skrzypek

(Department of Nuclear Medicine, Silesian School of Medicine) [2])

Measurement of gastric emptying of a radiolabelled solid food is described. A procedure enabling the assessment of background radiation, and connected with it corrections of the parameters characterizing gastric emptying curves are discussed in detail. Considering background radiation, ^{99m}*Tc-DTPA and* ^{99m}*Tc-HSAM are shown to be equivalent as solid meal markers in the studies of gastric emptying. Correction for background can be neglected, has the background/total count ratio been sufficiently reduced.*

Es wird die Messung der Magenentleerung von radioaktiv markierten festen Nahrungsmitteln beschrieben. Durch die Abschätzung der Untergrundstrahlung und in Verbindung mit weiteren Korrekturen an charakteristischen Parametern kann der zeitliche Verlauf der Magenentleerung verfolgt werden. Unter Beachtung der Untergrundstrahlung können ^{99m}*Tc markiertes Diethylentriaminpentaessigsäure (DTPA) und in gleicher Weise markiertes menschliches Serumalbumin (HSAM) als feste Nahrungsmittel aufgefaßt und zur Verfolgung der Magenentleerung angewendet werden. Die Korrekturen für den Untergrund können entfallen, wenn das Verhältnis von Untergrund zur Gesamtstrahlung ausreichend erniedrigt wurde.*

Keywords

albumins; background radiation corrections; digestive system; DTPA; food; labelled compounds; oral administration; technetium 99m

1. Introduction

Radionuclide examination of gastric emptying (GE) is at present one of the most widely applied methods to study the function of the digestive tract. Preserving physiological conditions it allows to obtain a highly objective and quantitative assessment of the evacuatory function of the stomach.

When starting a study of GE, usually a problem of appropriate selection of the type of tracer and food arises. The following criteria should characterize a solid food marker: high labelling efficiency, stability throughout the procedure, and lack of absorption from the digestive tract [1, 2]. Taking into account these criteria, as well as the availability and convenient preparation, two radiopharmaceuticals — DTPA and HSAM were chosen for our GE study. The mentioned criteria were also decisive in choosing a labelled egg white as a representation of a solid fraction of a meal [1, 3].

Among numerous publications on the methodology and clinical applications of the isotopic GE, only a few [4, 5] deal with the problem of correction of the results for background. We have therefore decided to examine the influence of background radiation (BR) on several parameters characterizing the GE curves. As the background happened to be different whether DTPA or HSAM was used, it was at the same time possible to compare the behaviour of the two radiopharmaceuticals in vivo, when administered orally with solid food.

Addresses: [1]) 40-752 Katowice 6, ul. Medyków 12, Poland; [2]) 40-752 Katowice 6, ul. Medyków 12, Poland; *) Address for correspondence

2. Experimental

BR was assessed during seventy consecutive measurements of GE performed in our Nuclear Medicine Department. The examined subjects — healthy volunteers and duodenal ulcer patients, as well as a subgroup of obese females consumed, after an overnight fast, a meal consisting of scrambled eggs (one medium-sized chicken egg and 10 grams of butter were used), white bread and 250 ml milk. Total calorie content of the meal was 1465 kJ. Before the preparation of the meal, a dose of 7·4 MBq of ^{99m}Tc obtained from a generator was used to label one of the two tested radiopharmaceuticals: DTPA (Institute of Nuclear Research, Swierk, Poland; code Mtc-K-4) or HSAM (microspheres B20, diameter 10—30 μm, ROTOP^{R}, GDR; code 13/Tc 099/113), following the manufacturers' recommendations. When ready, the marker was injected into the raw white of an egg separated into a beaker. After mixing throughly, the labelled albumen was thermally coagulated on a pan until firm in cosistency. Immediately after ingestion of the meal, the patients were seated in an armchair and instructed not to move throughout the examination. The detector of a gamma camera (GCA-202, Toshiba), coupled on line with a computer device (TRINARY HC 3200, MDS), was placed anteriorly, possibly near and in parallel to the body of the examined subject. A parallel hole collimator was used. Serial two-minute counts were collected over a period of ninety minutes. The data analysis was performed as follows: gastric region of interest was defined using an edge-finding program. For the assessment of BR an additional region of interest (ROI) (5 × 10 pixels of a matrix 64 × 64, constant in the consecutive examinations) was chosen. This adjacent ROI was placed on the right side of the proximal part of the stomach, at the level of the fundus, 5 pixels from the projection of the gastric edge. This second ROI was expected to represent changes in activity within the vascular bed. Time-activity curves from the above described ROI's were standardized for a constant size of ROI (100 pixels) and decay corrected. Then a differential curve (*dc*) was generated by substracting at every point the vascular bed curve (*vc*) from the gastric curve (*gc*). The curves *dc* and *gc* were then approximated with the function $\Gamma = at^{\alpha} \cdot e^{-\beta t}$. From the fitted curves half emptying times ($t_{1/2}$) were calculated. Mean transit time (MTT), limited to the 90 minutes of examination was estimated according to an equation describing a general case of a continuous function:

$$\mathrm{MTT} = \frac{\int_0^{90} t \cdot A(t)\, \mathrm{d}t}{\int_0^{90} A(t)\, \mathrm{d}t};$$

where: $A(t)$ — change in activity with time
t — time

The obtained pairs of parameter $t_{1/2}$ (from *dc* and *gc* curves), and MTT (from *dc* and *gc* curves) were then substracted, and the differences $\Delta t_{1/2}$ and ΔMTT were subjected to statistical analysis. Furthermore, sets of seven points from each of the *vc* and *gc* curves, representing the counts registered in the 1., 8., 16., 24., 32., 40. and 45. frame, i.e. at the 2., 16., 32., 48., 64., 80. and 90. minutes of measurement (for simplicity only the end times of each frame are given) were selected. Statistical comparisons were performed using the Student's paired and unpaired *t* test and linear regression analysis.

3. Results

Correction for background of the curves obtained from the gastric ROI resulted in curtailed values of $t_{1/2}$ and MTT, therefore the differences $\Delta t_{1/2}$ and ΔMTT in Tab. 1 and 2 are negative. A dependence of $\Delta t_{1/2}$ and ΔMTT on total counts registered within the gastric ROI was observed. For further analysis of this interrelation, $\Delta t_{1/2}$ and ΔMTT were grouped with regard to the maximum frame count observed in a given examination, and according to the arbitrarily established ranges of maximum cpf (counts per frame), as shown in Tab. 1. The presented data indicate that an increase of maximum frame count to the range of $2-4 \cdot 10^3$ cpf resulted in a statistically significant reduction of $\Delta t_{1/2}$ and ΔMTT when compared with the range of $< 2 \cdot 10^3$ cpf; further rise in the number of registered counts up to $> 4 \cdot 10^3$ cpf brings about another reduction in $\Delta t_{1/2}$ and ΔMTT, but this improvement is no longer statistically significant. At the same time an augmentation in maximum frame count causes such a diminution in the calculated $\Delta t_{1/2}$ and ΔMTT that these differences prove statistically insignificant; this occurred in the case of ΔMTT already within the range $2-4 \cdot 10^3$ cpf, whereas $\Delta t_{1/2}$ above $4 \cdot 10^3$ cpf.

A decrease in $\Delta t_{1/2}$ and ΔMTT with the rising maximum frame count is a result of a dimished background/total count ratio in the gastric ROI, as shown in Fig. 1. Within the range of $< 2 \cdot 10^3$ cpf the background/total count ratio oscillated between 10·8–14·2%, which proved highly

Tab. 1. Differences of $t_{1/2}$ and MTT resulting from correction for BR, depending on maximum frame count within gastric ROI. ^{99m}Tc-DTPA was used

Maximum frame count range [cpf] Number n	$\Delta t_{1/2}$ Mean ± SD [min]	Statistical significance of differences	ΔMTT Mean ± SD [min]	Statistical significance of differences
< 2000, $n = 7$	−8.14 ± 5·08, * $p < 0·01$	** $p < 0·003$ (< 2000 vs. 2000–4000)	−0·486 ± 0·195, * $p < 0·001$	** $p < 0·001$ (< 2000 vs. 2000–4000)
2000–4000, $n = 19$	−2·26 ± 1·94, * $p < 0·001$	** NS (2000–4000 vs. > 4000)	−0·053 ± 0·187, * NS	** NS (2000–4000 vs. > 4000)
> 4000, $n = 26$	−1·54 ± 4·92, * NS		−0·062 ± 0·190, * NS	

* Student's paired *t* test
** Student's unpaired *t* test
NS not significant

Tab. 2. Comparison of ^{99m}Tc-DTPA vs. ^{99m}Tc HSAM considering the differences $\Delta t_{1/2}$ and ΔMTT after background correction. Ancillary: $\Delta t_{1/2}$ and ΔMTT as percentages of $t_{1/2}$ and MTT respectively.

Radiopharmaceutical Number n	$\Delta t_{1/2}$ Mean ± SD [min]	$\Delta t_{1/2}/t_{1/2}$ Mean ± SD [%]	ΔMTT Mean ± SD [min]	ΔMTT/MTT Mean ± SD [%]
^{99m}Tc-DTPA, $n = 45$	−1·84 ± 3·92	−2·39 ± 2·73 (both)	−0·058 ± 0·186	−0·21 ± 0·41 (both)
^{99m}Tc-HSAM, $n = 18$	−2·94 ± 2·86		−0·089 ± 0·153	
Statistical significance	* NS		* NS	

* Student's unpaired *t* test
NS not significant

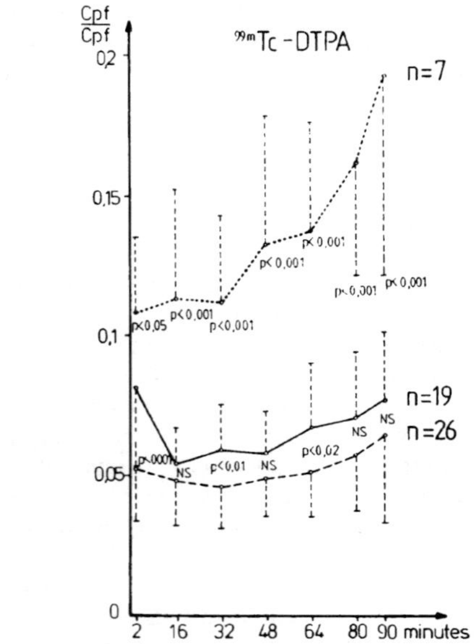

Fig. 1. Background/total count ratios within gastric ROI in relation to maximum frame count range

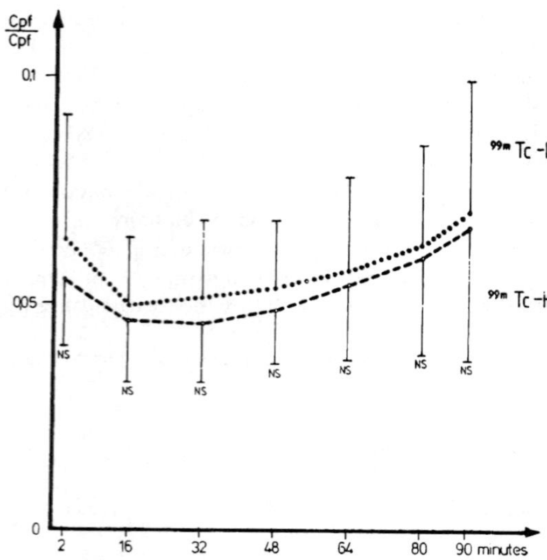

Fig. 2. 99mTc-HSAM vs. 99mTc-DTPA: background/total count ratios within gastric ROI

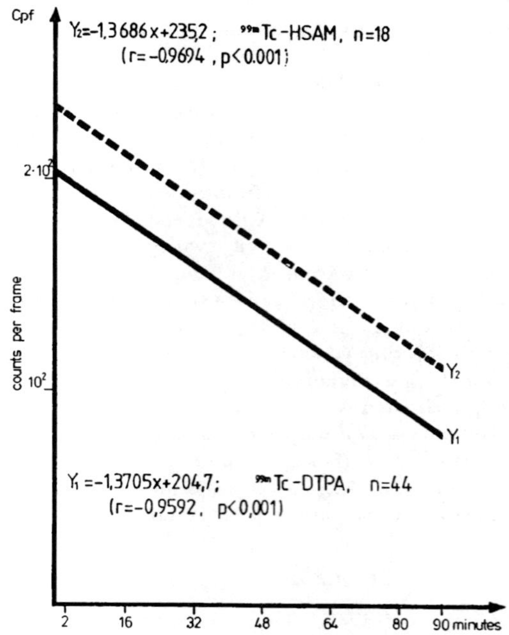

Fig. 3. 99mTc-HSAM vs. 99mTc-DTPA: regression lines of mean background counts vs. time

statistically significant when compared at any of the selected 7 points with the range $2-4 \cdot 10^3$ cpf. Further enhancement in counts up to $> 4 \cdot 10^3$ cpf issues in statistically insignificant improvement of the background/total count ratio at the majority of the relevant points.

The two compared radiopharmaceuticals, DTPA and HSAM, were tested with the maximum frame count $> 2 \times 10^3$ cpf (Tab. 2). The values of both $\Delta t_{1/2}$ and ΔMTT were slightly lower in the case of application of DTPA as a solid food marker as compared to HSAM; however, these differences were statistically insignificant. The background/total count ratios were very similar whenever DTPA or HSAM was considered, as illustrated in Fig. 2. Additionally, absolute changes in the background counts with time were compared — the depicted in Fig. 3 parallel course of regression lines of mean background counts versus time implies similar fate of the two preparations after an oral administration.

4. Discussion and conclusions

The quality of labelling a solid food can be tested in vitro, by simulating artificially the motor and secretory function of the stomach in the process of digestion [1, 3]. In vivo, a possible dissociation of the marker from solid into liquid phase and/or absorption into blood can be inferred from the radioactivity of blood or urine probes collected during or after the examination [5, 6]. It is also possible to trace the fate of an orally administered isotope marker in a non-invasive way, by recording changes in activity over heart, urinary bladder [7] or thyroid gland [6]. Our procedure is an original contribution and supplement to the hitherto applied methods.

From the purely theoretical point of view, one could expect that if the examined markers were absorbed from the digestive tract, the *vc* curves registered within the vascular area would exhibit an incremental trend [8]. However, after calculation of the regression lines, separately for each set of the selected 7 points (see: Experimental) was done, all the regression and correlation coefficients proved negative; 90% of the correlation coefficients being significant with the p level of at least $< 0{\cdot}05$. This indicates virtually an absence of a measurable absorption of the tested solid food markers from the digestive tract. This finding is in accordance with the observations of *Calderon* et al. [6] who demonstrated less than 2% absorption of the administered dose of radioactivity during GE measurement of a water suspension of ^{99m}Tc-labelled human albumin microspheres. Similar results relative to water solutions of ^{99m}Tc-DTPA were reported by *Chaudhuri* [7]. In an animal experiment he found less than 1% absorption of this radiopharmaceutical into blood, and virtually no detectable absorption in humans. Almost identical behaviour of the two preparations under the described experimental conditions in vivo, can be inferred from the similar background/total count ratios within the gastric ROI, as well as from the parallel course of regression lines of mean background counts versus time. Finally, the application of either DTPA or HSAM in nine subjects in which the measurement of GE was performed twice facilitated the comparison of the matched pairs of $\Delta t_{1/2}$ and ΔMTT. The calculated differences were insignificant; the more important observation that this biological model provided reproducible circumstances for comparison of the fate of the administered radiopharmaceuticals.

It is known from literature that ^{99m}Tc-sulfur colloid is at present the most commonly used radiopharmaceutical to label solid food, whereas DTPA or colloid are preferred with respect to liquid phase [1]. Despite this general trend, some researchers successfully use ^{99m}Tc-DTPA [9, 10, 11] or ^{99m}Tc-labelled human albumin microspheres [1] as markers of solid food. In our experience, comparison of the three radiopharmaceuticals with regard to convenience of preparation implies the following sequence of choice: DTPA > HSAM > colloid. Economic questions, although dependent mainly on local conditions, should also be considered. At the moment this manuscript was written, the local distribution prices of the discussed preparations were in the following proportion: 1:1·3:1·6, for HSAM to DTPA:colloid respectively. Thus the quoted data may at least in part indicate an order of preference of these substances.

The observed consistently decreasing drift of the background activity curves registered from ROI's from near the gastric area suggests that the counts derived from scatter emitted from the gastric ROI. According to the investigations of *Meyer* et al. [12] the peak to scatter ratio (P:S) rises along with increased distance of source from collimator; P:S ratio is also augmented when the actual count within the gastric ROI is low [12]. Our results, pointing out the significant decrease of $\Delta t_{1/2}$ and ΔMTT with the increase in maximum frame count, entirely corroborate the above observations. With an assumed constant starting dose of radioactivity, the effective count within the gastric area is influenced by the following factors: exactitude of measurement of the dose, losses involved in radiopharmaceutical labelling, and losses sustained during cooking, serving and ingestion of a meal. Very important are also geometric, i.e. spatial conditions of GE examination, which depend first of all on constitution of a subject. In fact, 6/7 of our GE measurements, during which maximum frame count occurred less than $2 \cdot 10^3$ cpf concerned obese subjects. Thus the increased source-collimator distance accounted for the obtained low counts and significant influence of scatter on the calculated $t_{1/2}$ and MTT. A rise in maximum frame count up to $> 4 \cdot 10^3$ cpf caused the scatter to have no longer significant influence on $t_{1/2}$ and MTT. Considering, however, $\Delta t_{1/2}$ and ΔMTT as percentage of $t_{1/2}$ and MTT it seems that from the clinical point of view no significant differences occur already within the range of $> 2 \cdot 10^3$ cpf. It is also remarkable that the error connected with background correction is much lesser in case of MTT than that of $t_{1/2}$.

Finally, it appears that the assumed linear regression model for seven arbitrarily chosen points, which tended to reflect changes in background activity with time, is a certain simplificiation, and does not allow to explain the sets of $t_{1/2}$ and MTT changes brought about with background correction. Personal observations (unpublished) imply that in few cases which resulted in prolonged $t_{1/2}$ and/or MTT after background correction was performed, these changes correlated with an increase in area under the GE curve. A detailed elucidation of the mentioned shifts requires further investigations.

We conclude that when background radiation is considered, ^{99m}Tc-DTPA and ^{99m}Tc-HSAM are equivalent solid food markers. Furthermore, correction of $t_{1/2}$ and MTT for BR can be neglected in case maximum frame count is $> 4 \cdot 10^3$ cpf under the described experimental conditions

Acknowledgement

We wish to thank Miss *J. Nowak* for excellent assistance in statistical analysis of results.

Received September 19, 1985

References

[1] *L. S. Malmud, R. S. Fisher, L. C. Knight, E. Rock*, Sem. Nucl. Med. **12** (1982) 116
[2] *P. E. Christian, F. L. Datz, J. A. Sorenson, A. Taylor*, J. Nucl. Med. **24** (1983) 264
[3] *J. L. Martin, W. J. Beck, A. P. McDonald, G. M. Carlson, J. R. Mathias*, J. Clin. Gastroenterol. **5** (1983) 315
[4] *M. C. Dugas, R. R. Schade, D. Lhotsky, D. Van Thiel*, Am. J. Physiol. **243** (1982) G237
[5] *N. Wirth, D. Swanson, B. Shapiro, M. Nakajo, J. L. Coffey, F. Eckhauser, C. Owyang*, J. Nucl. Med. **24** (1983) 511
[6] *M. Calderon, R. E. Sonnemaker, T. Hersh, J. A. Burdine*, Radiology **101** (1971) 371
[7] *T. K. Chaudhuri*, J. Nucl. Med. **15** (1974) 391
[8] *P. Wilmshurst, J. C. W. Crawley*, Br. J. Nutr. **44** (1980) 1
[9] *I. A. Donovan, M. Sorgi, L. K. Harding, J. Alexander-Williams*, Nucl. Med. Commun. **4** (1983) 418
[10] *M. Rinetti, G. Ugolotti, B. Calbiani, L. Colombi-Zinelli, N. Papa*, Drug Res. **32** (1982) 1561
[11] *M. Schraier, R. Guinzburg, J. Valguarnera, S. Schraier, L. Rozenfeld*, Prensa Med. Argent. **70** (1983) 275
[12] *J. H. Meyer, G. VanDeventer, L. S. Graham, J. Thomson, D. Thomasson*, J. Nucl. Med. **24** (1983) 197

Isotopenpraxis 22 (1986) 7, S. 255 bis 256

Tagungsbericht

Kernphysikalische Analysenverfahren in der Geologie
Weiterbildungslehrgänge für Praxiskader

Entsprechend den Empfehlungen der Fachministerien kommt in den 80er und 90er Jahren einer breit angelegten postgradualen Weiterbildung die besondere Bedeutung bei der Meisterung neuer Technologien zu. In den geologischen Wissenschaften existierte bislang für die spezifischen Belange des Einsatzes radiometrischer und kerngeophysikalischer Analysen- und Erkundungsverfahren keine zentral organisierte Weiterbildungsmöglichkeit. Dies ist nun anders, da dankenswerterweise der Wissenschaftsbereich Geophysik innerhalb der Sektion Physik der Karl-Marx-Universität Leipzig sich den neuen Anforderungen gestellt hat. In einem zweijährigen Turnus werden für jeweils 50 interessierte Kader aus den geologischen Betrieben und aus den entsprechenden Bereichen der Akademie und des Hochschulwesens, sowie der Zentralen Organe innerhalb einer Lehrgangsreihe

Die Anwendung kernphysikalischer Analysenverfahren in den Geologischen Wissenschaften

den aktuellen Bedürfnissen angepaßte Veranstaltungen stattfinden. Die Auswertung des ersten dieser Lehrgänge, der im November 1985 den Problemen der Untersuchung der natürlichen Radioaktivität, der Anwendung der Röntgenfluoreszenzanalyse sowie der Neutronenaktivierungsanalyse gewidmet war, zeigte den großen Bedarf. Unter der bewährten Leitung von *G. Just* (Leipzig), *S. Niese* (Rossendorf) und *G. Otto* (Leipzig) wurden grundsätzliche Aspekte der Einführung moderner Gerätesysteme und ihrer optimalen Auslastung sowie der Interpretation vorgestellt und diskutiert. Besonders günstig für die Teilnehmer war, daß im Rahmen der 45minütigen Beiträge sowohl die physikalischen Grundlagen behandelt, als auch praktische Beispiele und sich abzeichnende Entwicklungstendenzen zur Sprache kamen.

Ein einführender Beitragskomplex war dem Stand der Meß- und Auswertetechnik, sowie der Computerkopplung zur statistischen Bearbeitung der Ergebnisse gewidmet und wurde an selbst erarbeiteten Beispielen demonstriert. Die einzelnen Beiträge lieferten *W. D. Fromm* (Rossendorf), *H. Zwanziger* (Leipzig) und *G. Just* (Leipzig). Im Vordergrund standen Anwendungsbeispiele CAMAC-adaptierter automatischer Meßplätze zur Bearbeitung umfangreicher Probenmengen und sich daran anschließender multivarianter statistischer Auswerteverfahren (Varianz- und Diskriminanzanalyse) nach den neuesten Forschungsergebnissen der Zusammenarbeit zwischen KMU Leipzig und ZfK Rossendorf.

Die radiometrische Erkundung radioaktiver Minerale und regionaler lithogeochemischer Komplexe mittels Labor- und Feldmethoden wurde von *M. Matolin* (Prag) und *G. Just* (Leipzig) mit eindrucksvollen Beispielen belegt. Besonders der Einsatz hochproduktiver aeroradiometrischer Meßsysteme und Probleme der Korrektur von sekundären Einflüssen (Biomasse, Relief, Bodentyp, Feuchtigkeit, lithogeochemische Spezialisierung) fand bei den zuständigen Vertretern der Praxis Beachtung und führte zu zusätzlichen Seminaren am Rande des geplanten Lehrgangsprogramms.

Die Anwendung der verschiedenen Verfahren der energiedispersiven Röntgenfluoreszenzanalyse, sowie der Spektrometrie von protoneninduzierter Röntgen- und Gammastrahlung (eine Domäne der Leipziger Kernphysiker) in Biologie, Medizin und Geologie wurde von *M. Matolin* (Prag), *G. Otto* (Leipzig), *M. Bothe* (Rossendorf) und *M. Thomae* (Mücheln) diskutiert. Hierbei war zu erkennen, daß die Komplexe Feld- und Laborarbeiten thematisch zu unterscheiden sind, sich aber in Zukunft Konvergenzen anbahnen werden. Während die energiedispersive Analytik unter Laborbedingungen zur echten Multielementanalyse entwickelt werden konnte, ist eine eindeutige Tendenz der Zunahme quantitativer Elementbestimmungen unter Feldbedingungen (einschließlich Bohrlochmessungen) zu verzeichnen. Zum Einsatz der Neutronenaktivierungsanalyse äußerten sich die langjährigen Bearbeiter *S. Niese* (Rossendorf), *M. Geisler* (Leipzig) und *G. Just* (Leipzig), wobei letzterer ein komplettes geochemisches Granitmodell auf der Basis einer hochproduktiven INAA-Variante vorstellen konnte.

Durch *Th. Kaemmel* (Halle) wurde eine Übersicht zur Altersdatierung im kristallinen Grundgebirge vermittelt (Rb/Sr- und K/Ar-Datierung), während *K. Fröhlich* (Freiberg) radiometrische Altersbestimmungen an Wässern, rezenten Sedimenten und innerhalb der Ingenieurgeophysik an Hand neuer Meßbeispiele erläuterte.

Für wichtige Vorträge wurden an Interessenten Lehrmaterialien in Gestalt von Sonderdrucken ausgegeben, ein Verfahren, welches bei zukünftigen Lehrgängen unbedingt beibehalten werden sollte. Von der Mehrzahl der Teilnehmer wurden Inhalt und Konzeption des Lehrganges als passendes Bindeglied zwischen Grundausbildung und eigenständiger anspruchsvoller Forschung auf dem Fachgebiet angesehen. Eine Analyse der Lehrgangszusammensetzung zeigte, daß auch Vertreter von nichtgeologischen Richtungen mit Gewinn an diesem Lehrgang teilgenommen haben [Physiker und Chemiker versch. Hochschulen. Bauwesen (TH Leipzig) und Inst. Chem. Techn. (Berlin)]. Es bleibt zu wünschen, daß diese nützliche postgraduale Maßnahme unter Beibehaltung der geologischen Schwerpunktbildung fortgesetzt wird. Überlegungen, die Thematik ungeachtet dessen etwas allgemeiner zu gestalten, sollten zwischenzeitlich mit der erforderlichen Sorgfalt und in Abstimmung mit weiteren möglichen Partnern angestellt werden.

Es wurde darüber informiert, daß der folgende Lehrgang (1987) stärker den Problemen der Bohrlochgeophysik und der Anwendung radiometrischer und kerngeophysikalischer Verfahren im Bereich der Braunkohlenerkundung sowie der Analytik anorganischer Komponenten in Braunkohlen gewidmet sein wird.

E.-J. Langrock

ISOTOPENPRAXIS

Band 22 1986 Heft 7

Contents / Inhalt

Isotopenpraxis is indexed in Current Contents/PC & ES, Science Citation Index, and INIS Atomindex

MIX
Papier | Fördert gute Waldnutzung
FSC® C083411

Zeitfracht Medien GmbH
Ferdinand-Jühlke-Straße 7
99095 Erfurt, Deutschland
produktsicherheit@kolibri360.de